Teil 2

Mathematik 3

7. Schulstufe

Wagenhuber Manfred
Ottenschläger Johann
Ratzinger Wolfgang
Binder Jürgen

Mit Bescheid des Bundesministeriums für Unterricht und Kunst, Zl. 41.451/1-I/9/86, als Lehrbuch für den Unterrichtsgebrauch an Hauptschulen und allgemeinbildenden höheren Schulen für die 3. Klasse im Unterrichtsgegenstand Mathematik zugelassen.

Schulbuchnummer:, 1489

Gedruckt in Österreich; 2. Auflage / 1988
Gesamtherstellung: LANDESVERLAG Ges.m.b.H., Linz
Layout und Gestaltung: Dipl. Grafiker Horst Linhart, Atelier Auberg, Linz
Umschlaggestaltung und Illustration der „Math-Hilde“: Heide Stöllinger, Linz

ISBN 3-85329-540-1

VERITAS-VERLAG LINZ

Inhalt

Teil 1

Teil 2

Differenzierungsvorschlag:

3. Leistungsgruppe — 2. Leistungsgruppe ¦ — 1. Leistungsgruppe |

Blaue Zeilenführung oder blaue Kästchen bedeuten:
Hier soll der Schüler die im Text vorgegebenen Arbeitsaufträge durchführen!

766 Gib einen gleichwertigen Term ohne Klammern an:

a) $(r - s) \cdot (t + u)$
b) $(z + 5) \cdot (z - 6)$
c) $(2p - 3r) \cdot (5 - 3p)$
d) $(4x - 5y) \cdot (3x - y)$ Probe: $x = 2,\ y = 3$
e) $(7k + 4) \cdot (7k - 4)$ Probe: $k = -1$
f) $(9 + 8z) \cdot (8z - 9)$ Probe: $z = 1{,}5$

767 Stelle die drei angegebenen Terme in jeweils kürzester Form dar; beachte die Unterschiedlichkeit der Terme!

a) $(5a + 2) \cdot (3a - 4)$
$5a + 2 \cdot 3a - 4$
$(5a + 2) \cdot 3a - 4$

b) $(2x - 3) \cdot (5x - 2)$
$2x - 3 \cdot 5x - 2$
$2x - 3 \cdot (5x - 2)$

c) $(4a - 3) \cdot (5 - a)$
$4a - 3 \cdot 5 - a$
$4a - 3 \cdot (5 - a)$

768 Die Umformung $(3a + 2b) \cdot (2c + d) = 6ac + 3ad + 4bc + 2bd$ kann durch folgende Darstellung veranschaulicht werden:

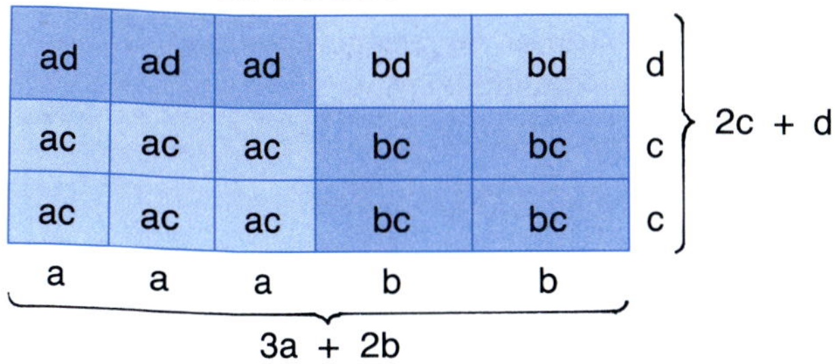

Veranschauliche ebenso die Umformung für:

a) $(x + 4y) \cdot (2u + 3v)$
b) $(5r + 2s) \cdot (t + 3u)$
c) $(3k + 4p) \cdot (2p + q)$

769 Leite eine Formel für $(a + b + c) \cdot (d + e)$ her, indem du den Term a) $a + b$, b) $d + e$ zu einem Term zusammenfaßt und bekannte Formeln anwendest!
c) Veranschauliche geometrisch mit Rechteckflächen!

770 Setze im Term $(A + B) \cdot (C + D)$ und $A + B \cdot (C + D)$ für die Variablen folgende Ausdrücke ein; stelle sodann klammerfrei dar!

a) $A = 4a,\ B = 3b,\ C = 7a,\ D = -2b$
b) $A = 6r,\ B = -s,\ C = r,\ D = -4t$

771 Gib den Flächeninhalt der Figur auf 3 Arten an; mach jeden Term klammerfrei und vereinfache soweit wie möglich.
Zeige auf diese Weise die Gleichwertigkeit aller angeschriebenen Terme!

a)
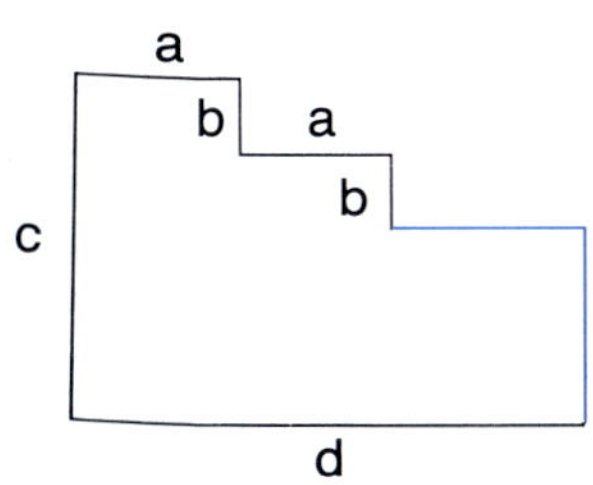

b)
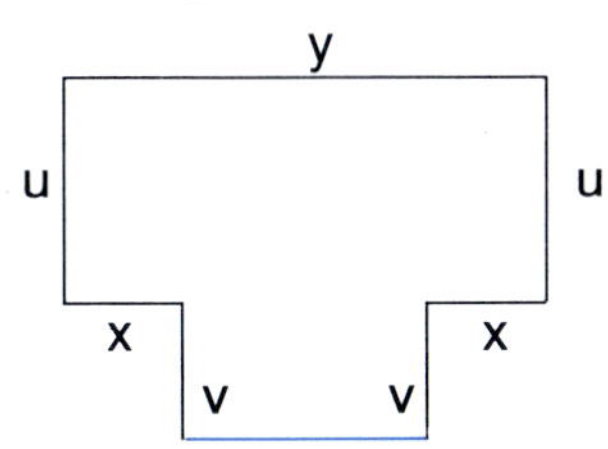

c)
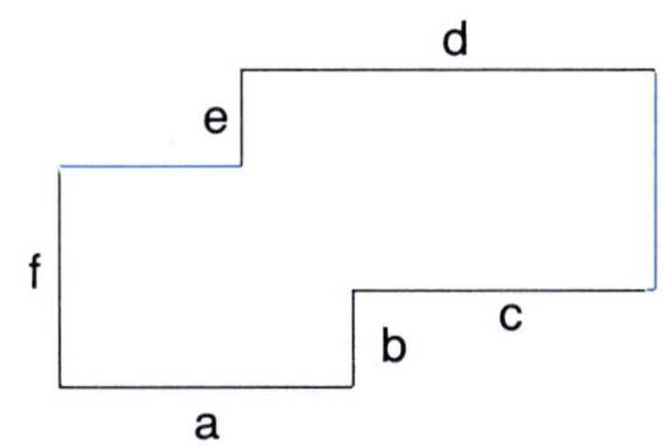

772 Die Länge eines Rechtecks ist um 3 cm größer als die Breite.
Verlängert man die Breite um 2 cm, so entsteht ein Rechteck mit um 18 cm² größerem Inhalt.
Berechne Länge und Breite des ursprünglichen Rechtecks!

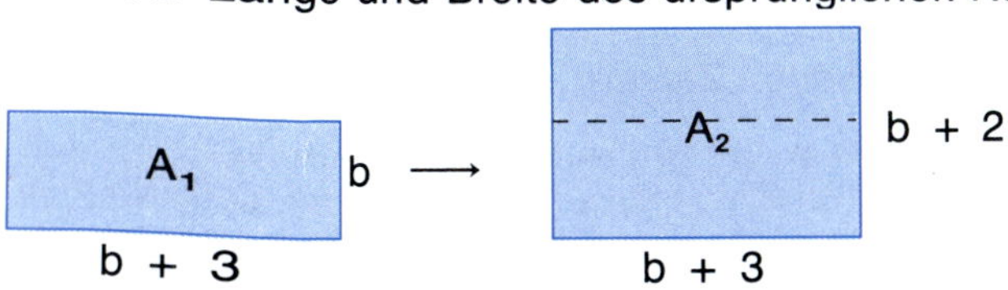

$A_2 = A_1 + 18$
$(b + 3) \cdot (b + 2) = (b + 3) \cdot b + 18$

____________ Klammern auflösen
____________ Gleichungsumformung
____________ Gleichungsumformung
____________ Gleichungsumformung
____

	1. Rechteck	2. Rechteck
Länge	$b + 3$	$b + 3$
Breite	b	$b + 2$
Inhalt	$(b + 3) \cdot b$	$(b + 3) \cdot (b + 2)$

8 Algebra (3. Teil)

8.1 Multiplikation zweier Summenterme

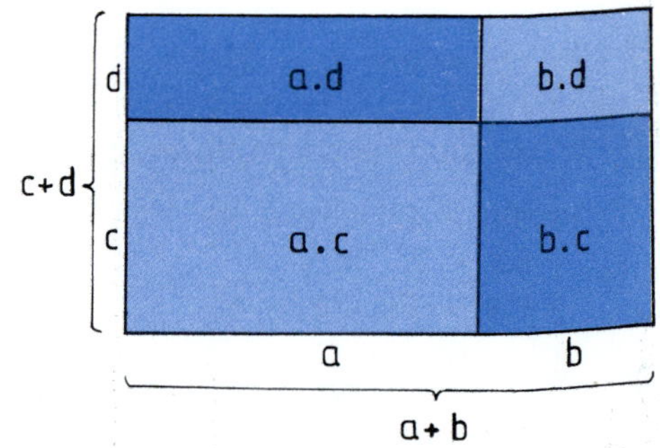

Ein Geschäftslokal ist in 4 rechteckige Räume unterteilt. (Siehe Abbildung!)
Stelle den Flächeninhalt durch zwei Terme, einen mit Klammern und einen ohne Klammern dar!

Aus der Abbildung entnimmst du:

$(a + b) \cdot (c + d) = a \cdot c + a \cdot d + b \cdot c + b \cdot d$

Auf diese Weise kann ein Produkt von zweigliedrigen Termen klammerfrei gemacht werden. Dabei wird **jedes Glied** der einen Klammer **mit jedem Glied** der anderen Klammer multipliziert:

$$(a + b) \cdot (c + d) = a \cdot c + a \cdot d + b \cdot c + b \cdot d$$

Wir können die Formel aus dem Verteilungsgesetz herleiten:

$(a + b) \cdot \boxed{(c + d)} = a \cdot \boxed{(c + d)} + b \cdot \boxed{(c + d)} = a \cdot c + a \cdot d + b \cdot c + b \cdot d$

Wir fassen zu einem Term zusammen!

B 761 a) Setze in der Formel $(A + B) \cdot (C + D) = A \cdot C + A \cdot D + B \cdot C + B \cdot D$ für $A = 3x$, $B = 4y$, $C = 2z$ und $D = 5$ ein!

$(A + B) \cdot (C + D) = A \cdot C + A \cdot D + B \cdot C + B \cdot D$

$(3x + 4y) \cdot (2z + 5) = 3x \cdot 2z + 3x \cdot 5 +$ ______________ = ______________

b) $(2a + b) \cdot (3c + 5d) =$ ______________

B 762 a) Falls in den Klammern auch Minuszeichen vorkommen, so können wir eine Differenz in eine Summe umwandeln:

$(a - b) \cdot (c - d) = (a + (-b)) \cdot (c + (-d)) = a \cdot c + a \cdot (-d) +$ ______________ =

= ______________

Wie kommt man schneller zum Ergebnis?

b) Löse die Klammern auf:

$(2x + 5y) \cdot (3x - 2y) =$ ______________

Übungen:

763 Stelle klammerfrei dar und mach die Probe für die angegebenen Zahlen:

a) $(a + 1) \cdot (c + 2)$ $a = 3, c = 4$
b) $(x + 5) \cdot (x + 2)$ $x = 6$
c) $(2k + 3) \cdot (2n + 5)$ $k = 2, n = 3$
d) $(u + 6v) \cdot (2w + r)$ $u = v = 3, w = r = 1$

764 Gib den Inhalt der gekennzeichneten Fläche durch einen Klammerterm, dann durch einen Term ohne Klammern an!

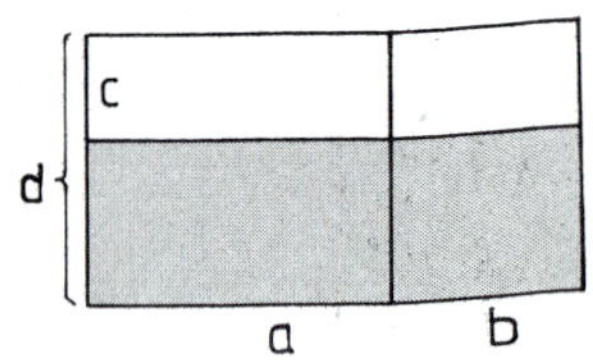

765 Stelle klammerfrei dar und veranschauliche mit Rechtecksflächen!

a) $(x - y) \cdot (u + v)$
b) $(x - y) \cdot (u - v)$

8.2 Multiplikation spezieller Terme

In der Mathematik kommen öfters Terme folgender Gestalt vor:

$$(a + b) \cdot (a - b) = a^2 - \cancel{ab} + \cancel{ba} - b^2$$
$$= a^2 - b^2$$

Es ist günstig, sich das als Formel zu merken:

$$\boxed{(a + b) \cdot (a - b) = a^2 - b^2}$$

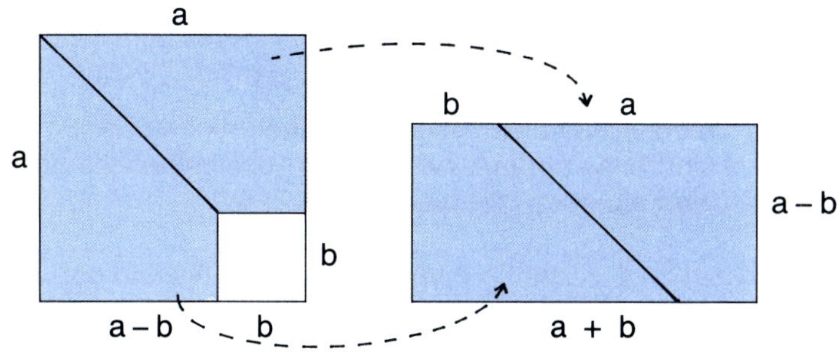

Eine geometrische Deutung der Formel kannst du der Zeichnung entnehmen. Erkläre sie!

B 773 a) Setze in der Formel $(A + B) \cdot (A - B) = A^2 - B^2$ für $A = 2x$ und $B = 3y$ ein!

$$(2x + 3y) \cdot (2x - 3y) = (2x)^2 - (3y)^2 = \_\_\_\_\_\_\_\_\_\_$$

b) $(7x + 5z) \cdot (7x - 5z) = \_\_\_\_\_\_\_\_\_\_$

c) $(4a - 3) \cdot (4a + 3) = \_\_\_\_\_\_\_\_\_\_$

Übungen:

774 Löse die Klammern auf:

a) $(v + u) \cdot (v - u)$
b) $(5 + z) \cdot (5 - z)$
c) $(3s + 1) \cdot (3s - 1)$
d) $(r + 4t) \cdot (r - 4t)$
e) $(3p + 4r) \cdot (3p - 4r)$
f) $(9f - 2g) \cdot (9f + 2g)$
g) $(8u - 5w) \cdot (8u + 5w)$
h) $(7a + 3c) \cdot (7a - 3c)$
i) $(4x - 6y) \cdot (4x + 6y)$

775 Stelle kürzer dar:

a) $(\frac{a}{2} + 3) \cdot (\frac{a}{2} - 3)$
b) $(2r - \frac{2}{3}) \cdot (2r + \frac{2}{3})$
c) $(\frac{x}{4} + \frac{z}{5}) \cdot (\frac{x}{4} - \frac{z}{5})$

776 Zeige die Richtigkeit der Formel $(a + b) \cdot (a - b) = a^2 - b^2$ anhand der Figuren (1) und (2). Bezeichne die Seiten der letzten Figur!

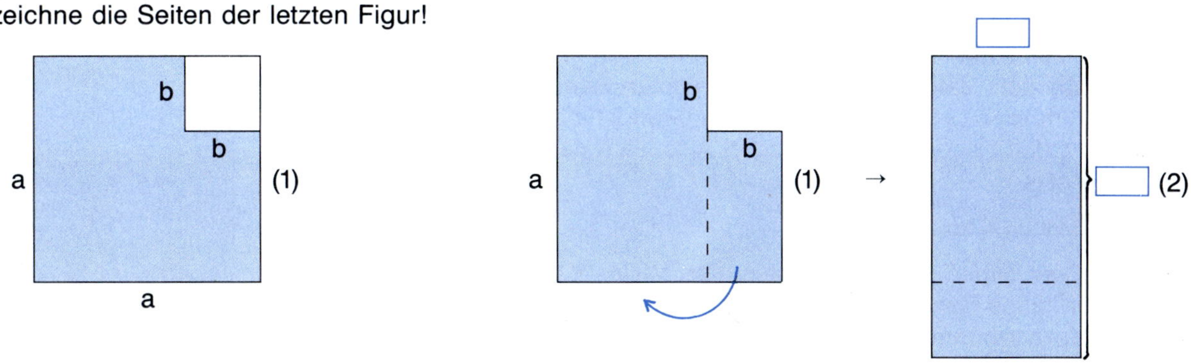

777 Ein quadratisches Bild (Seitenlänge c) wird mit einem quadratischen Rahmen (Seitenlänge a) ausgestattet. Stelle den Flächeninhalt des Rahmens auf 2 Arten in den Variablen a und c dar (Siehe Zeichnungen!) und zeige die Gleichheit!

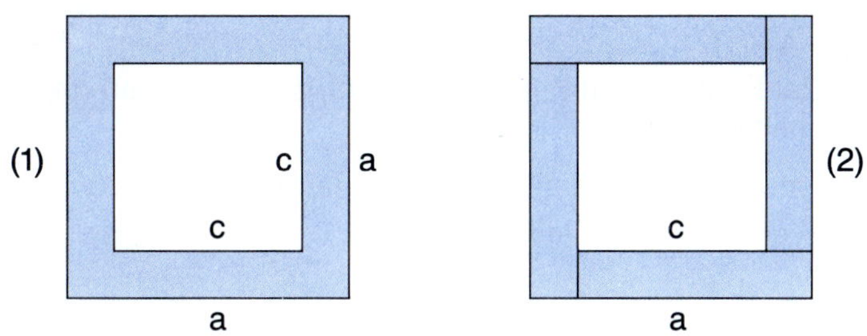

Anleitung zu (2):
Zeige, daß die Länge jedes der 4 Rechtecke $\frac{a+c}{2}$, die Breite $\frac{a-c}{2}$ beträgt!

778 Setze im Term A . B für die Variablen folgende Ausdrücke ein; mach den erhaltenen Term sodann klammerfrei!

a) $A = 7x + 8$
$B = 7x - 8$

b) $A = 8a + 6c$
$B = 8a - 6c$

c) $A = 2r - 0{,}5s$
$B = 2r + 0{,}5s$

d) $A = ab - cd$
$B = ab + cd$

779 Schreib zu einer gegebenen natürlichen Zahl die beiden Nachbarzahlen auf; bilde sodann das Produkt der beiden Zahlen und vergleiche es mit dem Quadrat der gegebenen Zahl!

a)

Zahl	Vorgänger	Nachfolger	Produkt	Quadrat
5	4	6	24	25
9				
12				

b) Kannst du die Frage von Math-Hilde beantworten?
Überlege dazu mit Hilfe von Variablen! Kannst du den entsprechenden Satz formulieren?

780 Zeige, indem du Variablen verwendest:
Das Produkt der beiden übernächsten Nachbarzahlen einer Zahl ist um 4 kleiner als das Quadrat der Zahl.
Überlege zuerst mit 2 selbstgewählten Zahlenbeispielen!

781 An das quadratische Grundstück von Mister X (Seitenlänge s) grenzt oben und rechts das Grundstück von Mister Y. Dieser schlägt Mister X folgendes Tauschgeschäft vor:
Mister X soll einen 10 m breiten Streifen am oberen Rand seines Grundstücks abtreten, dafür bekommt er am rechten Rand seines Grundstücks einen 10 m breiten Streifen dazu. „Dein Grundstück wird zwar um 10 m schmäler, dafür aber um 10 m länger! Also wäre das ein fairer Tausch!“ meint Mister Y.

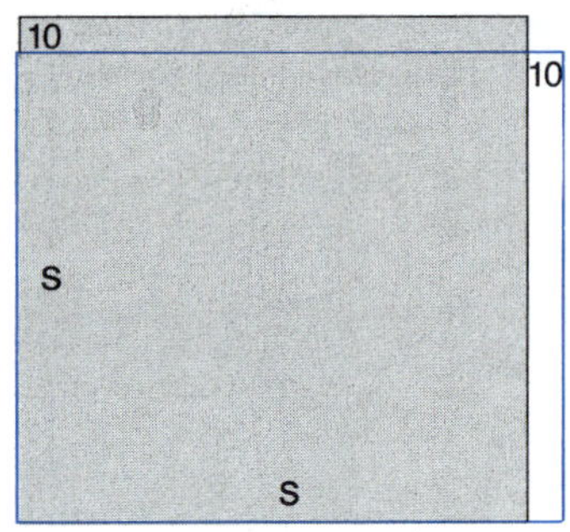

a) Soll Mister X zustimmen?

b) Wie breit müßte der Streifen sein, den Mister Y abtreten müßte, damit es ein faires Geschäft wäre?
Die dazugehörende Gleichung lautet:
$s^2 = (s - 10) . (s + x)$ Drücke in dieser Gleichung x aus!
Wie breit müßte der Streifen sein, wenn $s = 50$ m?

782 Steckbrief einer Zahl:

a) Multipliziert man die um 6 kleinere Zahl mit der um 6 größeren Zahl, so erhält man das gleiche, wie wenn man die Zahl mit ihrem Nachfolger multipliziert.

b) Multipliziert man eine Zahl mit der um 2 kleineren Zahl, so erhält man das gleiche, wie wenn man die beiden übernächsten Nachbarzahlen miteinander multipliziert.

8.3 Quadrieren von Termen

Im Kapitel 6 Abschnitt 3 hast du das Potenzieren von Termen gelernt.
Die Multiplikation einer Zahl mit sich selbst heißt **Quadrieren** einer Zahl.

$a \cdot a = a^2$ Lies: „a hoch 2“ oder: „a zum Quadrat“.

Nenne ein Problem in der Geometrie, das zum Quadrieren führt!
Dann kannst du dir auch die Bezeichnung „Quadrieren“ erklären!

B 783 Stelle klammerfrei dar!

a) $(2 \cdot x)^2 = (2 \cdot x) \cdot (2 \cdot x) =$ ________ b) $(-6ab)^2 =$ ________

c) $(\frac{1}{2} \cdot v)^2 =$ ________ d) $(\frac{3}{4} \cdot r \cdot s)^2 =$ ________

B 784 a) $(a^2)^2 = a^2 \cdot a^2 =$ ______ b) $(2 \cdot x^3)^2 =$ ________ c) $(a^3b^4)^2 =$ ________

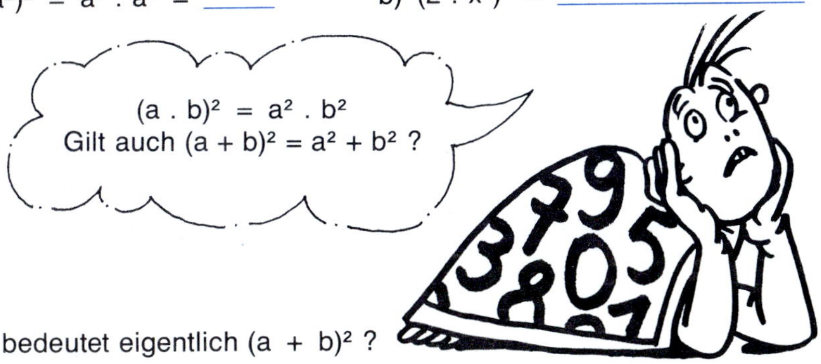

Dieser wichtigen Frage von Math-Hilde gehen wir jetzt nach!

Was bedeutet eigentlich $(a + b)^2$?

$(a + b)^2 = (a + b) \cdot (a + b) = a \cdot a + a \cdot b + b \cdot a + b \cdot b = a^2 + 2 \cdot a \cdot b + b^2$

Wir merken uns das Quadrieren eines zweigliedrigen Terms als Formel:

$$(a + b)^2 = a^2 + 2ab + b^2$$

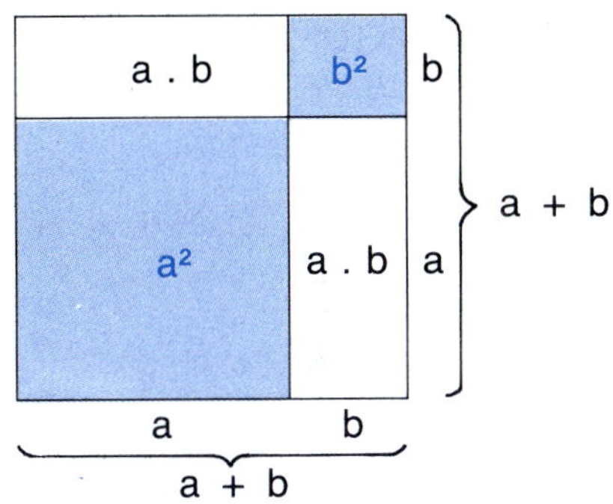

Hat Math-Hilde mit ihrer Formel recht?
Welchen Fehler hat sie begangen?
Du darfst nicht auf **2ab** vergessen; man nennt diesen Teil „doppeltes Produkt“ der innerhalb der Klammer angeführten Variablen a und b.
(Siehe auch Zeichnung!)

B 785 a) Setze in der Formel $(A + B)^2 = A^2 + 2 \cdot A \cdot B + B^2$ für $A = 3x$ und $B = 5y$ ein!

$(3x + 5y)^2 = (3x)^2 + 2 \cdot 3x \cdot 5y + \quad =$ ________

b) $(4a + 3b)^2 =$ ________

c) $(7r + s)^2 =$ ________

B 786 Leite eine Formel für $(a - b)^2$ her!

$(a - b)^2 = (a - b) \cdot (a - b) =$ ________

$$(a - b)^2 = a^2 - 2ab + b^2$$

B 787 a) $(s - t)^2 =$ ________ b) $(2u - v)^2 =$ ________

c) $(5r - 3s)^2 =$ ________ d) $(6c - 2)^2 =$ ________

Übungen:

788 Stelle ohne Klammern dar:

a) $(4b)^2 =$ ______ c) $(-2w)^2 =$ ______ e) $(abc)^2 =$ ______ g) $(\frac{2}{3} \cdot p)^2 =$ ______

b) $(7g)^2 =$ ______ d) $(-3t)^2 =$ ______ f) $(-4uv)^2 =$ ______ h) $(\frac{x}{5})^2 =$ ______

789 Erkläre die Formel $(a - b)^2 = a^2 - 2ab + b^2$ anhand der nebenstehenden Darstellung! Beachte, daß die obere rechte Fläche zweimal abgezogen wird, da sie in beiden Rechtecksstreifen liegt!

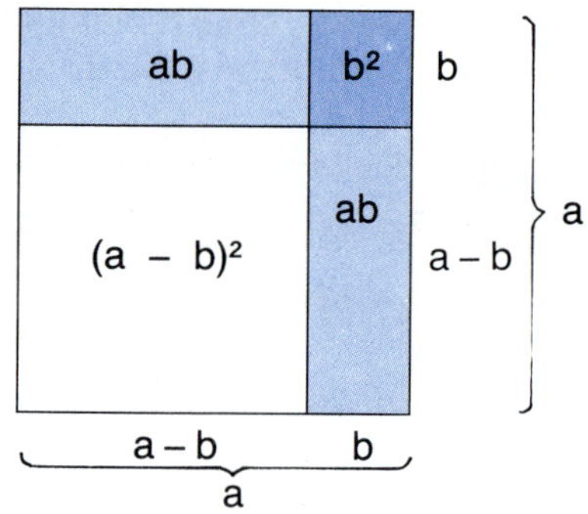

790 Leite die Formel für $(a - b)^2$ aus jener für $(a + b)^2$ her, indem du statt b den Term $(-b)$ einsetzt, also: $(a - b)^2 = (a + (-b))^2 = \ldots$

791 Quadriere:

a) $(y + 1)^2$ b) $(2r + 5)^2$ c) $(a - k)^2$ d) $(7e - 2f)^2$ e) $(6r - 2u)^2$
$(u + 9)^2$ $(4 + 3r)^2$ $(z - 3y)^2$ $(5x + 8z)^2$ $(10f + 3)^2$

792 a) $(x - 3y)^2$ b) $(ax + by)^2$ c) $(5u - 5)^2$ d) $(-a + b)^2$ e) $(\frac{x}{2} + y)^2$
$(4c + 3d)^2$ $(pr - pt)^2$ $(3k + 6)^2$ $(-2x - y)^2$ $(\frac{1}{a} - a)^2$

793 a) $(a^2 + 1)^2$ b) $(x^2 - y)^2$ c) $(r^2 + s^2)^2$ d) $(x^3 + 2)^2$ e) $(3r^2 + 2t)^2$

794 Ergänze:

a) $(b +$ __ $)^2 = b^2 + 2bc + c^2$ d) (______ $)^2 = 49a^2 + 14ab + b^2$

b) (__ $- x)^2 = 4a^2 - 4ax + x^2$ e) (______ $)^2 = 9x^2 - 36xy + 36y^2$

c) $(3x +$ __ $)^2 = 9x^2 + 30xy + 25y^2$ f) (______ $)^2 = 25k^2 - 10ks + s^2$

795 Vervollständige:

a) $(a -$ ____ $)^2 =$ ________ $+ b^2$ d) (____ $+ 2c)^2 =$ ____ $+ 4bc$ ____

b) $(2x +$ ____ $)^2 =$ ________ $+ 25y^2$ e) $(6k -$ ____ $)^2 =$ ____ $- 24kx$ ____

c) (____ $- 7y)^2 = 4$ ________ f) $(2y -$ ____ $)^2 =$ ____ $- 36yz$ ____

796 Leite eine Formel für $(a + b + c)^2$ her!

$(\boxed{a + b} + c)^2 = \boxed{(a + b)}^2 + 2\,\boxed{(a + b)} \,.\, c + c^2 = a^2 + 2ab + b^2 +$ ________________ $=$

Zusammenfassung zu einem Term

$= a^2 + b^2 + c^2 +$ ________________

Wie kannst du dir diese Formel merken?

797 a) $(x + y + z)^2$ b) $(2a + b + 3c)^2$ c) $(r - s + 2t)^2$ d) $(x - 4y + z)^2$

798 Du mußt zuerst quadrieren, dann multiplizieren!

a) $2 \,.\, (4x + 1)^2$ b) $7 \,.\, (6a - 9b)^2$ c) $x \,.\, (3x - 7)^2$ d) $a^2b \,.\, (\frac{1}{a} - 3b)^2$

799 Überlege den Unterschied in den beiden ähnlich aussehenden Formeln

$(a - b)^2 = a^2 - 2ab + b^2$ und $(a + b) \,.\, (a - b) = a^2 - b^2$!

Vereinfache:

a) $(x - y)^2 + (x + y) \,.\, (x - y)$
b) $(2a - b)^2 - (2a + b) \,.\, (2a - b)$
c) $(3r + 8t) \,.\, (3r - 8t) - (3r - 8t)^2$
d) $(7 - 4z) \,.\, (7 + 4z) - (7 - 4z)^2$

800 Setze im Term A^2 für die Variable folgende Terme ein; mach die so erhaltenen Terme klammerfrei!

a) $A = 7a$
$A = 7 + a$

b) $A = \frac{1}{2} \cdot x$
$A = \frac{1}{2} + x$

c) $A = 6pr^2$
$A = 6p + r^2$

d) $A = 2xy$
$A = 2 + x + y$

801 Setze im Term $(A + B)^2$ für die Variablen folgende Ausdrücke ein; löse im erhaltenen Term die Klammer auf!

a) $A = r$, $B = 2r$
b) $A = 2u$, $B = 8v$
c) $A = 4x$, $B = -y$
d) $A = 6p$, $B = -0{,}5$
e) $A = x - z$, $B = 3z$
f) $A = a - 3b$, $B = 2c$

802 Zeige die Richtigkeit folgender Gleichungen:

Z. B.: $3xy + 1 = (3x + 1)^2$, wenn $y = 3x + 2$

Wir setzen in der Gleichung für y den Term $3x + 2$ ein:

$3x\,(3x + 2) + 1 = (3x + 1)^2$
$9x^2 + 6x + 1 \quad = 9x^2 + 6x + 1$ Die linken und rechten Seiten stimmen überein!

a) $4ab + 9 = (2a + 3)^2$, wenn $b = a + 3$
b) $16 + 3y = (3x - 4)^2$, wenn $y = 3x^2 - 8x$
c) $4 - 9n = (9k - 2)^2$, wenn $n = k\,.\,(4 - 9k)$
d) $x^2 + 8y = (2y + 1)^2$, wenn $x = 2y - 1$

803 Zeige die Richtigkeit folgender Gleichungen:

a) $p^2 + 8qr = (2q + r)^2$, wenn $p = q - d$, $r = q + d$
b) $a^2 + 8bd = (2b + d)^2$, wenn $a = b - 4c$, $d = b + 4c$
c) $p^2 - 20qr = (5q - r)^2$, wenn $p = 3q + d$, $r = d - 2q$
d) $x^2 - 24yz = (3y - 2z)^2$, wenn $x = 5y + 2u$, $z = y + u$

804 Schreib eine beliebige natürliche Zahl und ihren Nachfolger auf.
Quadriere beide Zahlen und bilde die Differenz der Quadrate.
Vergleiche mit der Summe aus der Zahl und ihrem Nachfolger!

a)

Zahl	Nachfolger	Summe	1. Quadrat	2. Quadrat	Differenz
5	6	11	25	36	11
8					

b) Welche allgemeine Gesetzmäßigkeit steckt dahinter? Wie kann man diese durch Variablen ausdrücken und beweisen?

805 Wie viele Kugeln sind in diesem Quadratmuster angeordnet? Auf jeder Seite liegen n Kugeln!

Man kann dabei auf verschiedene Arten überlegen! 4 Zeichnungen helfen dir dabei!
Gib jedesmal einen zugehörigen Term an und zeige durch Umformung, daß alle Terme gleichwertig sind!

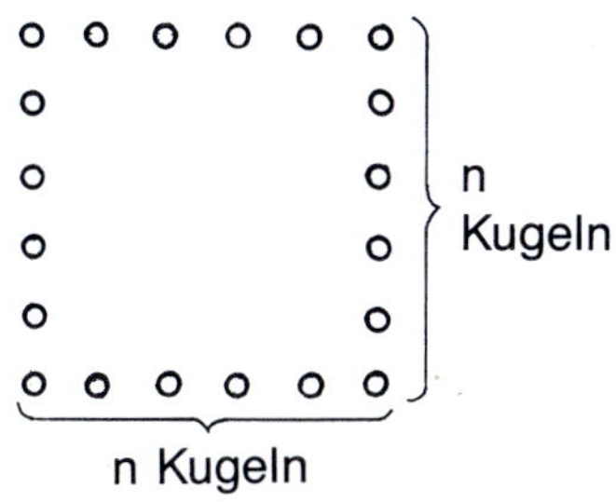

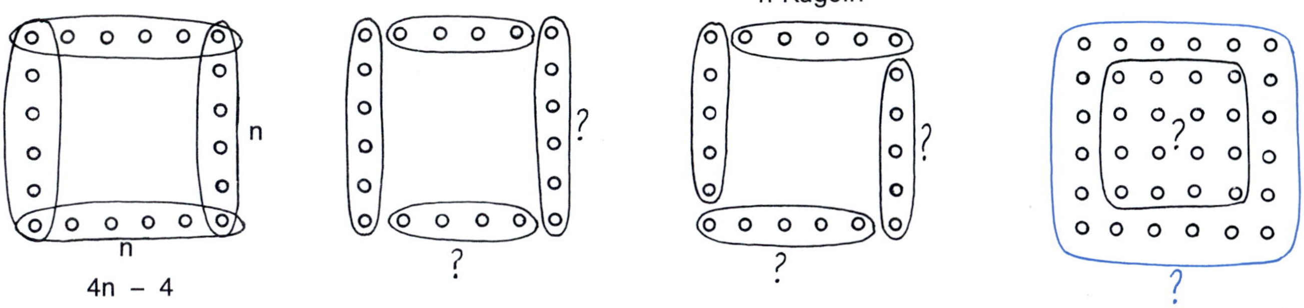

806 Untersuche folgende Gleichheitsaussagen:

$1^2 + 2^2 = 2 . (1 . 2) + 1$
$3^2 + 4^2 = 2 . (3 . 4) + 1$
$4{,}5^2 + 5{,}5^2 = 2 . (4{,}5 . 5{,}5) + 1$

Welche Gesetzmäßigkeit erkennst du? Drücke sie durch Variable aus und beweise!

807 Gib den Flächeninhalt der Figur auf 2 Arten an: durch Zerlegung in Teilflächen und durch Umschreiben eines Quadrates!
Zeige sodann durch Umformen, daß die beiden aufgestellten Terme gleichwertig sind.

a)
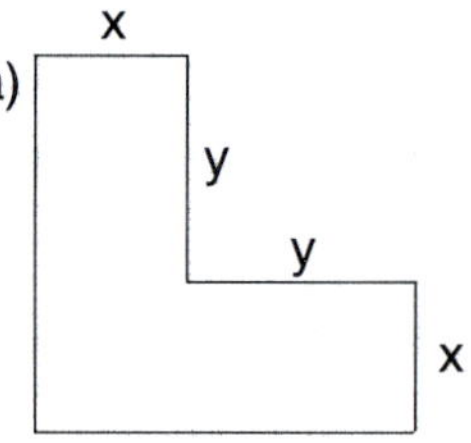

b)
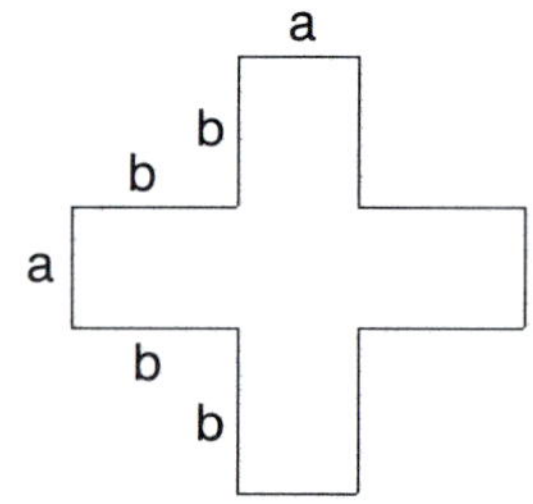

c)
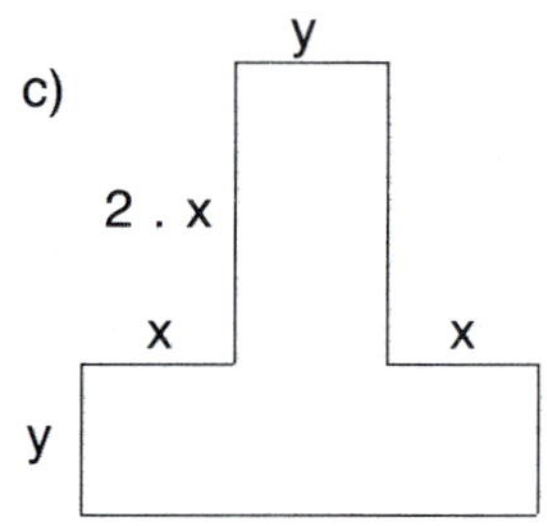

808 Untersuche folgende Gleichheitsaussagen:

$2^2 + 3^2 + 6^2 = 7^2$
$3^2 + 4^2 + 12^2 = 13^2$
$4^2 + 5^2 + 20^2 = 21^2$

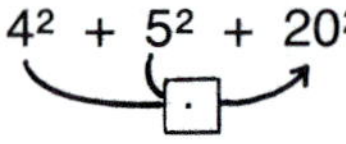

Kannst du den Sachverhalt mit Hilfe von Variablen aufschreiben?

$n^2 + (n + 1)^2 + (\_\_\_\_\_\_)^2 = (\_\_\_\_\_\_)^2$

Kannst du beweisen, warum die Gleichung für jedes $n \in N$ gilt?

809 Vergrößert man die Seitenlänge eines Quadrats um 6 cm, so entsteht ein Quadrat mit einem um 84 cm^2 größeren Flächeninhalt. Wie lang ist die ursprüngliche Quadratseite?

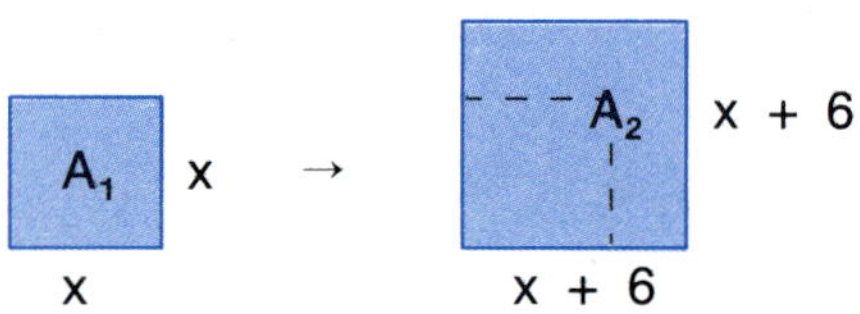

	1. Quadrat	2. Quadrat
Seitenlänge	x	$x + 6$
Inhalt	x^2	$(x + 6)^2$

$A_2 = A_1 + 84$

$(x + 6)^2 =$ __________

__________ Quadrieren

__________ Gleichungsumformung

____

810 Das Quadrat einer Zahl ist um 144 größer als das Quadrat der um 4 verkleinerten Zahl. Wie heißt die Zahl?

8.4 Zusammenfassung der wichtigsten Termumformungen

Hier sind noch einmal die wichtigsten Rechenregeln zum Umformen von Termen zusammengefaßt und mit Beispielen erläutert:

$(a + b) . c = a . c + b . c$	$a . (b + c) = a . b + a . c$

$(2x + 5) . 4 = 8x + 20$ $\qquad$ $3a . (2b + 5) = 6ab + 15a$

$a . c + b . c = (a + b) . c$	$a . b + a . c = a . (b + c)$

$5 . a + 7 . a = (5 + 7) . a = 12 . a$ $\qquad$ $4 . x + 8 = 4 . x + 4 . 2 = 4 . (x + 2)$

$a . (b . c) = (a . b) . c = a . b . c$

$2 . (3 . a) = (2 . 3) . a = 6 . a$

$\overbrace{a . a . a . \ldots\ldots . a}^{n\ \text{mal}} = a^n$	$a^r . a^s = a^{r+s}$	$a^r : a^s = a^{r-s}$	$(a . b)^n = a^n . b^n$
$x . x . x . x = x^4$	$x^4 . x^2 = x^6$	$x^6 : x^2 = x^4$	$(2x)^3 = 8x^3$

$a + (b + c) = (a + b) + c = a + b + c$ $a + (b - c) = (a + b) - c = a + b - c$	$a - (b + c) = (a - b) - c = a - b - c$ $a - (b - c) = (a - b) + c = a - b + c$

$2r + (4t - 5r) = 2r + 4t - 5r = -3r + 4t$

$5 + \frac{2x - 3}{2} = \frac{10}{2} + \frac{2x - 3}{2} =$

$= \frac{10 + (2x - 3)}{2} = \frac{10 + 2x - 3}{2} = \frac{7 + 2x}{2}$

$8x - (5y - x) = 8x - 5y + x = 9x - 5y$

$3p - \frac{2p^2 - 1}{p} = \frac{3p^2}{p} - \frac{2p^2 - 1}{p} = \frac{3p^2 - (2p^2 - 1)}{p} =$

$= \frac{3p^2 - 2p^2 + 1}{p} = \frac{p^2 + 1}{p}$

$(a + b) . (c + d) = a . c + a . d + b . c + b . d$

$(3x + 5y) . (4x - y) = (3x) . (4x) + (3x) . (-y) + (5y) . (4x) + (5y) . (-y) =$
$= 12 . x^2 - 3xy + 20xy - 5y^2 = 12x^2 + 17xy - 5y^2$

$(a - b) . (a + b) = a^2 - b^2$

$(4s + 5u) . (4s - 5u) = (4s)^2 - (5u)^2 = 16s^2 - 25u^2$

$(a + b)^2 = a^2 + 2ab + b^2$

$(4c - 7d)^2 = (4c)^2 + 2 . (4c) . (-7d) + (-7d)^2 = 16c^2 - 56cd + 49d^2$

$\frac{a}{b} = \frac{a.c}{b.c}$	$\frac{a}{b} + \frac{c}{b} = \frac{a+c}{b}$	$\frac{a}{b} \cdot \frac{c}{d} = \frac{a.c}{b.d}$	$\frac{a}{b} : \frac{c}{d} = \frac{a}{b} \cdot \frac{d}{c} = \frac{a.d}{b.c}$
$\frac{4.x}{4.y} = \frac{x}{y}$	$\frac{x}{2} + y = \frac{x}{2} + \frac{2y}{2} = \frac{x + 2y}{2}$		$\frac{a^2}{\frac{a}{3}} = a^2 : \frac{a}{3} = a^2 \cdot \frac{3}{a} = \frac{3 . a^2}{a} = 3a$

Stelle in den folgenden Aufgaben die Terme durch möglichst kurze gleichwertige Terme dar! Überleg dir bei den Umformungen die zugehörigen Rechenregeln!

811 a) $5 . x + 7 . x$; $9 . k - 6 . k$ b) $7a - 9a$; $3{,}8f + 2{,}2f - f$ c) $\frac{3}{4}g - \frac{1}{2}g$; $4u - 5{,}5u + u$ d) $27r - 19r - 13r$; $s - 8s + 2s$ e) $p + \frac{p}{10}$; $r - \frac{r}{3}$

812 a) $6 . (3 . a)$; $(5b) . 7$ b) $(4y) . (8z)$; $(1{,}5x) . (6y)$ c) $\frac{1}{2} \cdot t \cdot 3$; $\frac{3}{4} \cdot (10c)$ d) $(-1{,}3p) . 10r$; $(9u) . (2v) . (3w)$ e) $\frac{1}{5}x \cdot \frac{2}{3}y$; $\frac{a}{2} \cdot \frac{c}{10}$

813 a) $2a + 3b + 9a$; $13x + y - 8x$ b) $x - 3z - z$; $2k - 7n - k$ c) $1{,}5a + 9b - 2{,}5a - 4b$; $8y - 2z - z - y - 4z$ d) $180 - 2\alpha - \frac{\alpha}{2} - 90$; $a + b + 3a - 5b - c$

814 a) $(15x) : 3$; $(8y) : y$ b) $(18a) : (2a)$; $(5ef) : (5f)$ c) $(-4n) : (2n)$; $(6p) : (-2)$ d) $\frac{24a}{3a}$; $\frac{24a}{3}$ e) $\frac{-45uv}{9v}$; $\frac{42xy}{6y}$ f) $\frac{2ab}{2ab}$; $\frac{2ab}{b}$

815 a) $13xy + 2xz + xz - 15xy$ b) $5ac - 12ad - 8ac + ad$ c) $2b + 14bc - 2b - 16bc$

816 a) $a . a . a . a$; $a + a + a + a$ b) $c^3 . c^3$; $c^3 + c^3$ c) $x . x . y . x . y$; $x + x + y + x + y$ d) $z^4 : z^4$; $z^4 - z^4$ e) $a . a^3 . a$; $a + a^3 + a$

817 a) $x . y . 2x$; $x + y + 2x$ b) $g^2 . h^2 . g^3 . h^2$; $g^2 + h^2 + g^3 + h^2$ c) $2x . 5x . 1{,}5x$; $2x + 5x + 1{,}5x$ d) $9a^3 : 2a^3$; $9a^3 - 2a^3$ e) $r^6 : r^2$; $r^6 - r^2$

818 a) $(2 . x)^3$; $(-3 . z)^4$ b) $(-ab)^5$; $(8rt)^2$ c) $(a^2b) : (ab)$; $(x^6y^4) : (x^3y)$ d) $(3a)^3 . (2a)^3$; $(3a)^3 + (2a)^3$ e) $(-pr)^2 : (-r)^2$; $(-pr)^2 - (-r)^2$

819 a) $(3 . k)^2 - 3 . k^2$; $(2t)^2 + 2t^2$ b) $4n^2 + (-4n)^2$; $5s^3 + (-5s)^3$ c) $(3a)^3 . (2b)^2$; $(-2c)^4 . (-c)^5$ d) $(\frac{a}{2})^2 . b^2$; $(\frac{2x}{3})^3 . 12x$

820 a) $a - (a - b)$; $3a + (a - 2b)$ b) $3s - (s^2 + 3s)$; $10x - (5 - 8x)$ c) $(a - 2b) - (3a - 5b)$; $a - (2b - 8a) - 5b$ d) $x - (4x^2 - 3x^3 + 7x)$; $(k - 4k^2) - (3k^3 + 7k)$

821 a) $12u + 7v - (8v - 9u)$ b) $3a^4 - (5a - 3a^4) - 5a$ c) $2ru + (4tu - 3ru) - 3tu$

822 a) $1 + \frac{a-2}{2}$ b) $2 - \frac{k-1}{4}$ c) $f - \frac{2+f}{3}$ d) $a - \frac{a-c}{2}$ e) $4 - \frac{x-y}{x}$

Stelle in den folgenden 3 Übungen ohne Klammern dar:

823 a) $7 . (5 + 2x)$; $(3a - 2b) . 9$ b) $\frac{1}{2} \cdot (2a - 3)$; $(4y - 9) . 8y$ c) $(a - 5a^2) . a$; $b^2 . (3b^3 - b)$ d) $1{,}5 . (x^4 - 2y^4)$; $5rs . (0{,}2r - 1{,}4s)$

824 a) $(-1) . (a^2 - a + 1)$ b) $(4p - 3q) . (-pq)$ c) $(t^3 - 2t^2 - 4) . t^2$

825 a) $(xy + 2y) : y$ b) $(6u^2 - 12u) : (3u)$ c) $(4df - 8f^2) : (2f)$ d) $(2a^6 - a^2) : (-a^2)$

826 a) $\frac{4a + 6b}{2}$ b) $\frac{x^2 + 2x}{x}$ c) $\frac{a^4 - a^2}{a^2}$ d) $\frac{6ab - 9bc}{3b}$

827 a) $5x + 3 . (x - 2)$ b) $9k - k . (4 + k)$ c) $x^2 - (2x - 3) . x^2$ d) $5ac - c . (2b - 8a)$
e) $2 . (a + 5) - 3 . (2 - 3a)$ f) $7 . (2x - y) - 3 . (4x + 9y)$ g) $a . (a - 4) - 3a . (1 - 5a)$

Zerlege in ein Produkt durch Herausheben:

828 a) $5 \cdot f + 10 \cdot g$, $6 \cdot y - 15 \cdot x$ b) $a \cdot x - b \cdot x$, $n \cdot y + m \cdot y$ c) $9ab + 6bc$, $16uv - 40pu$ d) $a^3 - a$, $z^2 - 2z$ e) $10k^6 + 25k^2$, $a^2b^3 + a^3b$

829 a) $a^5 + 2a^3 - 3a^2$ b) $x \cdot (y + 1) + z \cdot (y + 1)$ c) $4x^2 + 6x^2 - 15x^2$ d) $\frac{h}{2} \cdot g - \frac{h}{2} \cdot c$
e) $f^2g + fg - f^3g^2$ f) $6 \cdot (a - b) - c \cdot (a - b)$ g) $x \cdot (x^2 - 2) - (x^2 - 2)$ h) $\frac{a}{3} - a^2 - \frac{a^3}{3}$

830 a) $k - \frac{k \cdot p}{100}$ b) $\frac{a \cdot b}{2} + \frac{b \cdot c}{2}$ c) $s^2 - \frac{3s^2}{4}$ d) $\frac{a^2 \cdot h}{3} + \frac{a^2 \cdot b}{3}$

Löse die Klammern auf und vereinfache soweit wie möglich:

831 a) $(3u + 4) \cdot (2u + 5)$ b) $(4x + 3) \cdot (6y - 5)$ c) $(6r - 7z) \cdot (4z - 1)$ d) $(2a^2 - 7) \cdot (3a^2 + 4)$
e) $(8a - 5b) \cdot (3a + 4b)$ f) $(5g - f) \cdot (9f + 7g)$ g) $(a^2 + a) \cdot (a - 1)$ h) $(x^3 - 4x) \cdot (5x^2 - 3)$

832 a) $(3u + 2) \cdot (7 - 4u)$, $3u + 2 \cdot (7 - 4u)$, $(3u + 2) \cdot 7 - 4u$
b) $(x - 3) \cdot (x^3 - 2)$, $x - 3 \cdot (x^3 - 2)$, $(x - 3) \cdot x^3 - 2$
c) $(a^2 - a) \cdot (3a - 2)$, $(a^2 - a) \cdot 3a - 2$, $a^2 - a \cdot (3a - 2)$
d) $(z - 1) \cdot (z - 7)$, $(z - 1) \cdot z - 7$, $z - 1 \cdot (z - 7)$

833 a) $(s + t) \cdot (s - t)$, $(r + 7) \cdot (r - 7)$ b) $(4z + 7u) \cdot (4z - 7u)$, $(5v - 9w) \cdot (5v + 9w)$ c) $(pt + w) \cdot (pt - w)$, $(4g - \frac{1}{3}) \cdot (4g + \frac{1}{3})$

Stelle durch einen gleichwertigen klammerfreien Term dar:

834 a) $(k + s)^2$, $(2r + u)^2$ b) $(3a + 7c)^2$, $(9z - 4y)^2$ c) $(ab - 1)^2$, $(5 - 4r)^2$ d) $(8t - 9)^2$, $(rs - 7r)^2$ e) $(\frac{x}{2} + 7)^2$, $(2b - \frac{a}{4})^2$

835 a) $(pr - rt)^2$ b) $(1 - \frac{xy}{2})^2$ c) $(a + c - f)^2$ d) $(2x + 3y - 4z)^2$

836 a) $(2a - 5b)^2 + (2a + 5b) \cdot (2a - 5b)$ b) $(4 - x) \cdot (4 + x) - (x - 4)^2$ c) $(x + 2)^2 - (x - 3)^2$
d) $(a + 3b)^2 - (3a + b)^2$ e) $(6x - 1)^2 - (1 + 6x) \cdot (1 - 6x)$ f) $(a - b)^2 - (b - a)^2$

837 a) $2x \cdot (x - 3) + (3 + x)^2$ b) $(4a - b)^2 - 8a \cdot (2a - b)$ c) $(3 + k) \cdot 4k - (2k + 3)^2$
d) $(x^2 + y)^2 - 2y \cdot (x^2 + y)$ e) $(8s - 5) \cdot 5 - (5 - 4s)^2$ f) $up \cdot (up - 6) - (3 - pu)^2$

838 a) $(a^2 - 1)^2 + (a^2 + 1) \cdot (a^2 - 1)$ b) $(4 + 3x^2)^2 - (3x^2 + 4) \cdot (3x^2 - 4)$
c) $(y + 5) \cdot (y + 3) - (y + 4)^2$ d) $(f - 9) \cdot (1 - f) - (f - 4)^2$

839 Wie kann man die Ungültigkeit folgender Formeln nachweisen?

a) $(a + b)^2 = a^2 + b^2$ b) $(a + b)^3 = a^3 + b^3$ c) $(a + b)^4 = a^4 + b^4$

840 Wo liegen die Fehler folgender Termumformungen? Stelle sie richtig!

a) $2a + 3b = 5ab$ c) $4k + 4k = 8k^2$ e) $5a + a \cdot 3 = 18a$ g) $\frac{a + 1}{2} \cdot a = \frac{a^2 + 1}{2}$
b) $3x^3 \cdot 3x^3 = 9x^9$ d) $5ab - 2ab = 3$ f) $7x - (2x - 6x) = 3x$ h) $\frac{x + 1}{x} = 1 + 1 = 2$

8.5 Gleichungen

Du hast früher (Seiten52—54) gelernt, wie man einfache Gleichungen durch Umformen lösen kann. Textaufgaben führen oft zu komplizierten Gleichungen, wobei man zuerst auf einer Seite der Gleichung Termumformungen vornehmen muß, um zu einer einfacheren Gleichung zu gelangen. Mit solchen Gleichungen wollen wir uns nun näher beschäftigen.

Bestimme die Zahl x, für die gilt: $7x - 3 \cdot (2x + 1) = 2$

$7x - 3 \cdot (2x + 1) = 2$ ... Termumformung (Multiplikation der Klammer)
$7x - (6x + 3) = 2$ ... Termumformung (Klammerauflösung)
$7x - 6x - 3 = 2$ ... Termumformung (gleiche Variable subtrahieren)
$x - 3 = 2$ ... Gleichungsumformung
$x = \mathbf{5}$

Wir überprüfen die gefundene Lösung durch Einsetzen in die gegebene Gleichung:

$$7 \cdot 5 - 3 \cdot (2 \cdot 5 + 1) = 2$$
$$35 - 3 \cdot 11 = 2$$
$$35 - 33 = 2 \checkmark$$

B 841 Löse selbst folgende Gleichungen, indem du zuerst auf beiden Seiten der Gleichung Termumformungen durchführst und dann die erhaltene Gleichung schrittweise auf einfachste Form bringst:

a) $(x - 3) \cdot (x + 4) = x \cdot (x - 1)$

b) $(z - 5)^2 = z^2$

B 842

$$\frac{2x + 1}{3} = \frac{x + 1}{2}$$

$$\frac{2 \cdot (2x + 1)}{6} = \frac{3 \cdot (x + 1)}{6}$$ Erweitern auf gleichen Nenner

$2 \cdot (2x + 1) = 3 \cdot (x + 1)$ Zähler gleichsetzen

etwas schnellerer Lösungsweg:

$$\frac{2x + 1}{3} = \frac{x + 1}{2}$$

$2 \cdot (2x + 1) = 3 \cdot (x + 1)$

Übungen:

843 Löse zuerst auf beiden Seiten der Gleichung die Klammern auf, vereinfache sodann auf jeder Seite soweit wie möglich und forme die Gleichung mit den bekannten Umformungsregeln um! Mach eine Probe!

a) $3x + (5x + 2) = 10$
b) $4y - (y - 5) = y + 13$
c) $(8z + 1) - (3 - z) = 79$
d) $6x - (7 - 2x) = 5x + 17$
e) $7y + (12 - 3y) = 2y - (4y - 21)$
f) $3z - 4 = z - (2 - 3z)$

844
a) $5 \,.\, (x + 3) = 35$
b) $4 \,.\, (7 + 2x) = 3x + 43$
c) $8\,(z + 4) = 5 \,.\, (z + 7)$
d) $2\,(3x - 1) = (2 - x) \,.\, 4$
e) $5\,(y - 4) = 2\,(y + 1) + 5$
f) $4\,(x - 3) = 2x - 3\,(x - 1)$

845 Bei folgenden Gleichungen tritt die Variable im Quadrat auf; sie läßt sich aber jedesmal beseitigen!

a) $x \,.\, (x + 2) = x^2 + 6$
b) $3y \,.\, (y - 2) = y \,.\, (4 + 3y) - 20$
c) $z\,(z + 2) = z\,(z - 1) + 9$
d) $(4y - 5) \,.\, y = (2y + 3) \,.\, 2y$
e) $(x + 3)(x - 4) = (x - 2)(x - 1)$
f) $(x - 4)(x + 2) = (x - 1)(x + 1)$

846
a) $(x + 2)^2 = x^2 + 4$
b) $(2x - 1)^2 = x \,.\, (4x - 5)$
c) $(2x + 3)(2x - 3) = (3 - 2x)^2$
d) $(x - 1)(x - 4) = (x - 2)^2$
e) $11 - (x + 3)^2 = x \,.\, (2 - x)$
f) $(x - 4)^2 = (x + 6)^2$

847
a) $\frac{x+1}{2} = 4$
b) $\frac{3x + 2}{2} = 2x - 1$
c) $\frac{x+9}{2} = \frac{7x + 18}{5}$
d) $\frac{x}{3} = \frac{x+4}{4}$

848
a) $x - \frac{1-x}{2} = 4$
b) $3 - \frac{x+2}{4} = 1$
c) $5 + \frac{2-x}{x} = 3$
d) $1 - \frac{x}{2} = 3 - \frac{x+7}{3}$

849
a) $\frac{5}{2} \cdot (3x - 2) = 2 \,.\, (x + 3)$
b) $6 \,.\, (x - 4) - 2 \,.\, (4 - 3x) = 20x$
c) $(3x + 2)^2 + (4x - 1)^2 = (5x + 1)^2$
d) $7y - 3\,(y - 4) = 9 - 2 \,.\, (3 + y)$

Merkwürdige Gleichungen

$x = x$

Diese Gleichung wird von **jeder Zahl** erfüllt, denn jede Zahl ist sich selbst gleich!

Allgemeingültige Gleichung

$x = x + 1$

Diese Gleichung wird von **keiner Zahl** erfüllt, denn eine Zahl kann nicht gleich der um 1 vergrößerten Zahl sein!

Unerfüllbare Gleichung

Formt man die gegebenen Gleichungen um, so erhält man

$0 = 0$ (Das stimmt!) | $0 = 1$ (Widerspruch)

850 Manche der folgenden Gleichungen sind allgemeingültig, andere sind unerfüllbar:

a) $z + z = 2z$
b) $3 \,.\, (x + 2) = 3 \,.\, x + 2$
c) $x \,.\, (x + 2) + 1 = (x + 1)^2$
d) $(y - 3)(y + 3) = y^2 + 9$
e) $z - \frac{z}{2} = 0$
f) $9x - 1 = 2 \,.\, (5x - \frac{1}{2})$

851 Bei den folgenden Gleichungen sind statt Zahlen Variable a, b, c, d angegeben.
Berechne die Unbekannte x und drücke sie mit Hilfe der angegebenen Variablen aus!

Z. B.: $a \,.\, x = b + c$
$x = \frac{b+c}{a} \quad a \neq 0\,!$

a) $b \,.\, x + a = c$
b) $b - a \,.\, x = d$
c) $a \,.\, x - b = c \,.\, x$
d) $a \,.\, x + c = b \,.\, x + d$

8.6 Textgleichungen

B 852 Bettina hat für eine Klassenparty die Getränke besorgt: Insgesamt 50 Dosen Zitronen- und Orangenlimonade um 314 S. Eine Dose Zitronenlimonade kostete 6 S, Orangenlimonade 6,50 S.
Wie viele Stück jeder Sorte kaufte sie ein?

Wir legen eine Tabelle an, wobei wir die Anzahl der Zitronenlimonadedosen mit z bezeichnen; dann wurden 50 — z Dosen der anderen Sorte gekauft.

	Anzahl der Dosen	Preis pro Dose	Gesamtpreis
Zitronenlimo	z	6	6 . z
Orangenlimo	50 − z	6,50	6,5 . (50 − z)

$$6z + 6{,}5\,(50 - z) = 314$$
$$6z + 325 - 6{,}5z = 314$$
$$325 - 0{,}5z = 314$$

____

____

____

Antwort: ____ Dosen Zitronenlimo
____ Dosen Orangenlimo

B 853 Die beiden Superstars der 3a-Klasse, Adam und Eva, haben zusammen 25 „Sehr gut" in den Schularbeiten erreicht. Hätte Adam um 2 „Sehr gut" mehr, Eva um 1 weniger, so wären beide gleich erfolgreich gewesen. Was kannst du daraus berechnen?

Anzahl der sehr guten Arbeiten von Adam: a

Anzahl der sehr guten Arbeiten von Eva: ____

a + 2 = ____

Rechne im Heft weiter!

B 854 Wolfgang und Roland wohnen in Ortschaften, die 57 km voneinander entfernt liegen. Sie vereinbaren ein Treffen per Fahrrad und starten gleichzeitig um 8.00 Uhr in ihren Heimatorten. Wann und wo treffen sie einander, wenn ihre Geschwindigkeiten 18 km/h bzw. 20 km/h betragen?

Skizze:

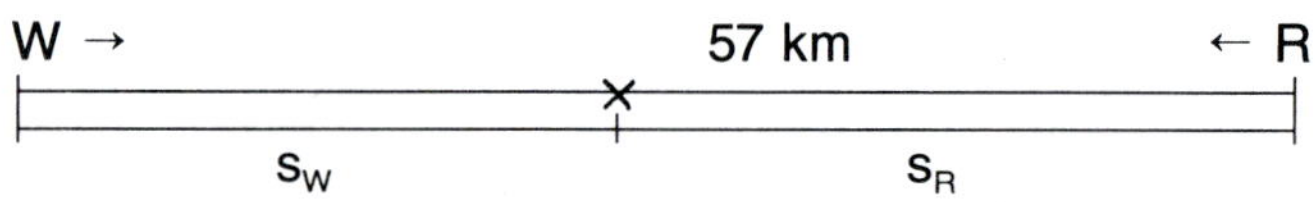

Aus der Zeichnung erkennst du: Beide Wege zusammen ergeben 57 km.

Die Fahrzeit bis zum Treffpunkt beträgt t Stunden.

	Fahrzeit	Geschw.	Weg
Wolfgang	t	18	18 . t
Roland	t	20	20 . t

$$s_W + s_R = 57$$
$$18 \cdot t + 20 \cdot t = 57$$

____

____

Treffpunkt: um ____ Uhr
____ km von Wolfgangs Heimatort.

Glaubst du, daß die errechneten Ergebnisse der Wirklichkeit entsprechen?
Welche Vereinfachungen liegen der Berechnung zugrunde? Diskutiert darüber.
Trotzdem liefern uns die Ergebnisse ungefähre Anhaltspunkte!

Übungen:

855 Addiert man drei aufeinanderfolgende gerade Zahlen, so erhält man a) 24, b) 90, c) – 18. Wie heißen die Zahlen?
Anleitung: Ist z die 1. Zahl, so ist die darauffolgende gerade Zahl z + 2.

856 Addiert man 5 aufeinanderfolgende natürliche Zahlen, so erhält man a) 45, b) 115, c) 27.
Gibt es solche Zahlen? Wenn ja, wie heißen sie?

857 Die Summe zweier Zahlen beträgt 37, ihre Differenz a) 13, b) 7.
Anleitung: Bezeichne die 1. Zahl mit z, dann ist die 2. Zahl 37 – z.

858 Das Dreifache einer um 4 verminderten Zahl ergibt a) 15, b) – 6.

859 Addiert man zu einer Zahl 7 und dividiert die so erhaltene Zahl durch 3, so erhält man a) 6, b) 23, c) – 3.

860 Die Quadrate zweier aufeinanderfolgender natürlicher Zahlen unterscheiden sich um a) 9, b) 35.

861 Eine zweiziffrige Zahl hat die Zehnerziffer 8. Subtrahiert man von dieser Zahl a) 45, b) 63, so erhält man die Zahl mit umgekehrter Ziffernfolge. Wie heißt die Zahl?
Anleitung: Setz die Zahl so an: 8 x Rechne mit der Summendarstellung: 8 . 10 + x

862 Die Zehnerziffer einer zweiziffrigen Zahl ist $1\frac{1}{2}$mal so groß wie die Einerziffer. Subtrahiert man 18 von dieser Zahl, so erhält man die Zahl mit vertauschten Ziffern.

863 Auf einem Dorfanger tummeln sich Hühner und Hunde. Zusammen haben sie 22 Köpfe und a) 54, b) 60 Füße.
Wie viele Hühner und Hunde sind dies?

864 Markus hat 3mal so viele Kugeln wie Günter. Damit jeder von beiden gleich viele Kugeln für ein Wettspiel hat, muß Markus an Günter 8 Kugeln abgeben. Wie viele Kugeln hat jeder?

865 Tina ist 54 Jahre jünger als ihre Oma. Das Alter ihrer Oma erhält man, wenn man Tinas Alter vervierfacht und 6 addiert. Wie alt sind beide?

866 Dietmar erhält doppelt so viel Taschengeld wie seine Schwester Claudia.
Für das nächste Schuljahr hat ihnen der Vater eine Erhöhung um jeweils 30 S zugesagt. Dann bekommt Dietmar nur mehr $1\frac{1}{2}$mal so viel wie seine Schwester.
Wieviel Taschengeld bekommt jeder?

867 Die Hälfte einer Zahl vergrößert um ein Drittel derselben Zahl ergibt a) 15, b) 65, c) – 5.

868 Die Summe aus dem dritten, vierten und sechsten Teil einer Zahl ist um a) 9, b) 21 kleiner als die Zahl selbst.

869 „Jetzt bin ich nur mehr doppelt so alt wie du", sagt die Mutter zu ihrem Sohn. „Es sind 10 Jahre her, da war ich noch dreimal so alt wie du!"
Wie alt sind Mutter und Sohn?

870 Daniela bereitet sich auf eine Prüfung vor, bei der sie über einen bestimmten Abschnitt eines Lehrbuchs gefragt wird. Sie teilt sich die Arbeit gleichmäßig auf 8 Tage auf.
Lernt sie täglich 2 Seiten mehr, so könnte sie bereits in 6 Tagen fertig sein.
Wie viele Seiten umfaßt der Prüfungsstoff?

871 Für eine Faschingsparty wurden Krapfen gebacken. Nimmt sich jedes Kind 2 Stück, so bleiben 4 Stück übrig; wenn jedoch jeder 3 Krapfen essen möchte, so wären es um 4 Stück zu wenig.
Was kannst du berechnen?

872 Für ein Versandbüro werden 120 Briefmarken sowie 80 Briefmarken zu einem um 1,50 S höheren Wert eingekauft. Insgesamt betragen die Portokosten 1 020 S.
Berechne die Einzelwerte beider Briefmarkensorten.

873 Bei einem Fußballspiel werden insgesamt 570 Karten verkauft, und zwar eine Sitzplatzkarte um 120 S, eine Stehplatzkarte um 80 S. Die Gesamteinnahmen betragen 63 600 S.
Was kannst du berechnen?

874 Herr Moser tankt 60 Liter Benzin im Mischungsverhältnis 1:3 (Normal : Super). Die Tankrechnung lautet auf 594 S.
Wie teuer ist 1 Liter Normalbenzin, wenn Superbenzin um 40 g teurer ist?

875 Wenn jeder Schüler einer Klasse für den gemieteten Bus am Wandertag 85 S bezahlt, so bleiben 55 S übrig; zahlt hingegen jeder nur 80 S, so fehlen noch 60 S.
Wie viele Schüler hat die Klasse, und wie hoch sind die Buskosten?

876 Ein 40 m³ fassender Behälter soll mit Öl gefüllt werden. Zunächst fließen durch eine Zuleitung stündlich 3,5 m³ ein, nach 2 Stunden wird ein 2. Zufluß geöffnet, der stündlich 2,5 m³ fördert.
Wie lang dauert die Füllung?
Anleitung: Der 1. Zufluß ist t Stunden geöffnet, der 2. Zufluß $t-2$ Stunden!

877 Ein Schwimmbecken hat die Ausmaße 25 m x 15 m x 2 m.
Wie lang dauert die Füllung, wenn durch den 1. Zufluß stündlich 35 m³, durch den 2. stündlich 25 m³ Wasser einfließen?
Glaubst du, daß das Ergebnis mit der Wirklichkeit übereinstimmt?

878 A-Stadt und B-Stadt sind voneinander 150 km entfernt. Um 10.00 starten in beiden Städten zwei Autos, die mit den Geschwindigkeiten von a) 70 km/h bzw. 80 km/h, b) 100 km/h bzw. 80 km/h einander entgegenfahren.
Wann und wo treffen sie einander?
Diskutiere über die Genauigkeit des errechneten Ergebnisses!

879 Um 9.00 startet Manfred sein Moped und fährt mit 40 km/h einem Ausflugsziel entgegen. $\frac{1}{4}$ Stunde später bemerkt der Vater, daß sein reiselustiger Sohn die Geldtasche vergessen hat und fährt ihm im Auto mit 80 km/h nach.
Wann holt er ihn ein?
Beachte: Der Sohn ist t Stunden bis zum Treffpunkt unterwegs, der Vater hingegen nur $t-\frac{1}{4}$ Stunden! Die Wege sind gleich!

8.7 Umformen von Formeln und Erkennen von Termgestalten

Aus der Formel $d = a + \frac{b}{c}$ soll die Variable b ausgedrückt werden!

Petra macht es so:

$d = a + \frac{b}{c}$

$d \cdot c = a + b$

$d \cdot c - a = b$

Ulrich macht es so:

$d = a + \frac{b}{c}$

$d - a = \frac{b}{c}$

$(d - a) \cdot c = b$

Petra hat sich zuwenig um die Gestalt des Terms $a + \frac{b}{c}$ gekümmert!

Die Gleichung $d = a + \frac{b}{c}$ hat die Gestalt $A = B + C$ und nicht $A = \frac{B}{C}$!

Wir begründen die einzelnen Umformungsschritte von Ulrich:

$d = a + \boxed{\frac{b}{c}}$ (C) $\quad$ $A = B + C$

$d - a = \frac{b}{c}$ $\quad$ $A - B = C$

$\boxed{d - a} = \frac{b}{c}$ (X) $\quad$ $X = \frac{Y}{Z}$

$(d - a) \cdot c = b$ $\quad$ $X \cdot Z = Y$

Du siehst:
Das Erkennen von Termgestalten ist in vielen Fällen nützlich zum richtigen Umformen von Gleichungen.

B 880

Welche Gestalt hat der Term?

Z. B.: $(c + 2a) \cdot h$ (A . B) $\quad$ $c + 2a \cdot h$ (A + B) $\quad$ $\frac{(a + c)}{2} \cdot h$ (A . B) $\quad$ oder: $\frac{(a + c) \cdot h}{2}$ ($\frac{A}{B}$)

a) $5rs - 2p$ ______

b) $\frac{a + 1}{1 - bc}$ ______

c) $\frac{a}{1 + bc} + 1$ ______

d) $f \cdot (ab + bc)$ ______

e) $ah_1 + bh_2$ ______

f) $k \cdot w^2 \cdot (a + 2)$ ______

g) $rs - t - xy$ ______

h) $\frac{a \cdot (a + b)}{c}$ ______

Berechne aus der Flächenformel des Trapezes $A = \frac{(a + c) \cdot h}{2}$ die Variable a!

$A = \frac{(a + c) \cdot h}{2}$ $\quad$ $A = \frac{B}{C}$

$2 \cdot A = (a + c) \cdot h$ $\quad$ $A \cdot C = B$

$(a + c) \cdot h = 2 \cdot A$ $\quad$ $U \cdot V = W$

$a + c = \frac{2 \cdot A}{h}$ $\quad$ $U = \frac{W}{V}$ $\quad$ $X + Y = Z$

$a = \frac{2 \cdot A}{h} - c$ $\quad$ $X = Z - Y$

$A = \frac{(a + c) \cdot h}{2} \quad / \cdot 2$

$2 \cdot A = \frac{2 \cdot (a + c) \cdot h}{2} \quad / : h$

$\frac{2 \cdot A}{h} = \frac{(a + c) \cdot h}{h} \quad / - c$

$\frac{2 \cdot A}{h} - c = (a + c) - c$

$a = \frac{2 \cdot A}{h} - c$

Drücke in der Formel $x = \frac{y}{1 + u \cdot v}$ die Variable u aus!

$x = \frac{y}{1 + u \cdot v}$

$(1 + u \cdot v)\, x = y$

$x + uvx = y$

$uvx = y - x$

$u \cdot (vx) = y - x$

$u = \frac{y-x}{vx}$

$A = \frac{B}{C}$

$C \cdot A = B$

$U + V = W$

$V = W - U$

$X \cdot Y = Z$

$X = \frac{Z}{Y}$

$x = \frac{y}{1 + u \cdot v} \quad / \cdot (1 + uv)$

$x \cdot (1 + uv) = \frac{y}{1 + uv}\,(1 + uv)$

$x + xuv = y \quad / - x$

$(x + xuv) - x = y - x$

$xuv = y - x \quad / : (xv)$

$\frac{xuv}{xv} = \frac{y - x}{xv}$

$u = \frac{y - x}{xv}$

Übungen:

881 Gib die Gestalt folgender Terme an:

a) $x \cdot z - k$ $x \cdot (z - k)$

b) $\frac{G}{l} + r$ $\frac{G + r}{l}$

c) $\frac{M}{2-S}$ $\frac{M}{2} - \frac{M}{S}$

d) $a^2 \cdot h \cdot \frac{d}{3}$ $a^2 \cdot h + \frac{d}{3}$

e) $(s^2 + 2) \cdot r - 1$ $(s^2 + 2) \cdot (r - 1)$

882 Welche gemeinsame Gestalt haben die Terme:

a) $(a + 4c) \cdot f$ $5x^2y$ $u \cdot (w^2 - 1)$ $\frac{mv^2}{2}$ $\frac{a+c}{2} \cdot (1 + r)$

b) $2k + 5n - 4p$ $\frac{a}{2} - 4$ $s - (4p^2 + q)$ $1 - a - b$ $\frac{a}{a+1} - \frac{b}{2}$

883 Welche der angegebenen Terme haben die Gestalt $\frac{A}{B}$? Wofür steht A, wofür B?

$\frac{5b}{c}$ $b + \frac{5}{c}$ $\frac{c+5}{b^2}$ $\frac{1}{c^3} \cdot (5 - b)$ $\frac{b+5}{2} \cdot c$ $\frac{x}{2y} - 1$

884 Berechne die angegebenen Variablen aus der Formel!
Bevor du mit den Umformungen beginnst, überlege, welche möglichen Gestalten der rechts vom Gleichheitszeichen stehende Term aufweist!

a) $V = \frac{a \cdot b \cdot h}{3}$ $h = ?$ $a = ?$

b) $O = a^2 + 2ah$ $h = ?$

c) $M = 3 \cdot a \cdot h$ $a = ?$

d) $m = G \cdot h \cdot \gamma$ $\gamma = ?$

e) $m = \frac{a^2 \cdot h}{3} \cdot \gamma$ $h = ?$

f) $A = \frac{h}{2} \cdot (a + c)$ $c = ?$ $h = ?$

g) $O = 2a \cdot (a + 2h)$ $h = ?$

h) $O = 2 \cdot (ab + ac + bc)$ $a = ?$

885 Wie vorige Übung:

a) $K = P \cdot (1 + h)$ $P = ?$ $h = ?$

b) $F = \frac{M}{1 + a \cdot t}$ $M = ?$ $t = ?$

c) $a = \frac{b}{1-c}$ $c = ?$

d) $A = R + \frac{c}{t}$ $c = ?$

e) $A = \frac{h}{2} \cdot (r + s) \cdot t$ $t = ?$ $r = ?$

f) $R = \frac{r_1 \cdot m_1 + r_2 \cdot m_2}{M}$ $r_1 = ?$ $m_2 = ?$

g) $X = (Y + Z) \cdot (1 - U)$ $Y = ?$ $U = ?$

h) $Z = (\frac{X}{Y} - 1) \cdot 3$ $X = ?$

i) $x = y \cdot (1 + \frac{z}{2})$ $y = ?$ $z = ?$

8.8 Wir verändern Größen in einer Formel

B 886

Der Preis für x kg einer Ware ist gegeben durch die Formel $P = 7 . x$.

a) Vervollständige die Tabelle und beantworte anhand der erhaltenen Werte folgende Fragen: Wie ändert sich der Preis, wenn man x verdoppelt, verdreifacht, halbiert bzw. drittelt?

x (in kg)	1	2	3	5	6	9	10
P (in S)	7						

P wird __________, __________

__________ bzw. __________

b) Wir können aber auch ohne Tabelle überlegen. Dazu verwenden wir die Formel, führen aber vorher noch eine günstige Schreibweise ein:

Für den Preis von x kg schreiben wir statt P genauer P (x). (Lies: P von x)
Die Formel kann dann so geschrieben werden: $P(x) = 7 . x$

Berechne aus der Formel P (1), P (8) und P ($\frac{1}{2}$)!
Dabei brauchst du nur für x die Werte 1, 8 und $\frac{1}{2}$ einzusetzen:

$P(1) =$ ______ $P(8) =$ ______ $P(\frac{1}{2}) =$ ______

Nun können wir der folgenden Frage nachgehen:

Welcher Zusammenhang herrscht zwischen dem Preis P (x) und dem Preis einer doppelt so großen Menge? Diesen Preis bezeichnen wir dann mit P (2x).

Es gilt: $P(x) = 7 . x$

Daher: $P(2x) = 7 . (2x) = 2 . (7x) = 2 . P(x)$

P (2x)	=	2 . P (x)
Der Preis einer doppelt so großen Menge	ist	der doppelte Preis der einfachen Menge.

Führe dasselbe aus für:

$P(3x) =$ ____________________ $P(3x) =$ ________

$P(\frac{1}{2}x) =$ ____________________ $P(\frac{1}{2}x) =$ ________

Deute die Ergebnisse wie oben!

Wir können noch allgemeiner überlegen:

$P(nx) =$ ____________________ $P(nx) =$ ________

Wir sehen: Der **n-fachen Menge** wird auch der **n-fache Preis** zugeordnet.
Die Größen x und P stehen in einem **direkten** Verhältnis.

B 887

Schließt man einen elektrischen Leiter mit dem Widerstand R an eine Spannungsquelle von 6 V an, so ergibt sich die Stromstärke I durch folgende Formel $I = \frac{6}{R}$.

a) Vervollständige folgende Tabelle und beantworte anhand der erhaltenen Werte folgende Fragen: Wie ändert sich die Stromstärke, wenn man R verdoppelt, verdreifacht bzw. halbiert?

R (in Ohm)	1	2	3	6	12	60
I (in Ampere)	6					

I wird __________

____

b) Wir überlegen nun anhand der Formel $I(R) = \frac{6}{R}$.
Was bedeutet das Symbol I (R)?
Was passiert, wenn wir den Widerstand R verdoppeln?
Oder anders gefragt: Welcher Zusammenhang herrscht zwischen I (R) und I (2R)?

Es gilt: $I(R) = \frac{6}{R}$

Daher: $I(2R) = \frac{6}{2R} = \frac{1}{2} \cdot \frac{6}{R} = \frac{1}{2} \cdot I(R)$

$I(2R)$	$=$	$\frac{1}{2} \cdot I(R)$
Die Stromstärke bei doppelt so großem Widerstand.	ist	die halbe Stromstärke bei einfachem Widerstand.

Führe dasselbe aus für:

$I(3R) =$ ______________________ $I(3R) =$ __________ Deute die Ergebnisse wie oben!

$I(\frac{1}{2}R) =$ ______________________ $I(\frac{1}{2}R) =$ __________

Wir können noch allgemeiner überlegen:

$I(nR) =$ ______________________ $I(nR) =$ __________

Wir sehen: dem **n-fachen Widerstand** wird der **n-te Teil der Stromstärke** zugeordnet.
Die Größen R und I stehen in einem **indirekten** Verhältnis.

B 888

Gegeben ist die Formel: $U = \frac{S}{T}$

a) Wie ändert sich U, wenn S verdoppelt, gedrittelt wird bzw. auf das n-fache wächst, T aber gleich bleibt (konstant ist)? Sind U und S proportional?
b) Wie ändert sich U, wenn T verdoppelt, gedrittelt wird bzw. auf das n-fache wächst, S aber gleich bleibt? Sind U und T proportional?
c) Wie muß man T ändern, damit U kleiner wird?
d) Wie muß man S und T ändern, damit U gleich bleibt?

a) Weil die Größe U von S und T abhängt, schreiben wir $U(S, T) = \frac{S}{T}$

Wir verdoppeln S, lassen T aber gleich:

$U(2S, T) = \frac{2S}{T} = 2 \cdot \frac{S}{T} = 2 \,.\, U(S, T)$ → $U(2S, T) = 2 \,.\, U(S, T)$ Deute!

$U(\frac{S}{3}, T) = \frac{\frac{S}{3}}{T} =$ ______________________ ______________________

$U(nS, T) =$ ______________________ ______________________

Die Größen U und S sind ______________ proportional.

b) $U(S, 2T) = \frac{S}{2T} = \frac{1}{2} \cdot \frac{S}{T} = \frac{1}{2} \cdot U(S, T)$ → $U(S, 2T) = \frac{1}{2} \cdot U(S, T)$ Deute!
Führe die restlichen Überlegungen zu b) und Aufgabe c) im Heft durch!

d) Wächst S auf das n-fache, so muß T ebenfalls auf das n-fache wachsen, denn:

$U(nS, NT) = \frac{nS}{nT} =$ ______________________

B 889

Die Formel für den Flächeninhalt eines Rechteckes lautet: $A = a \cdot b$
Weil A von a und b abhängt, schreiben wir genauer: $A(a, b) = a \cdot b$

a) Wie ändert sich der Flächeninhalt, wenn man die Länge verdreifacht bzw. ver-n-facht? Sind A und a proportional?
b) Wie ändert sich der Flächeninhalt, wenn man die Länge verdreifacht und die Breite verdoppelt bzw. die Länge ver-n-facht und die Breite ver-s-facht?
c) Wie ändert sich der Flächeninhalt, wenn man die Länge um 3 vergrößert?
d) Wie müßte man b ändern, wenn man die Länge verdreifacht, der Flächeninhalt aber gleich bleiben soll?

a)

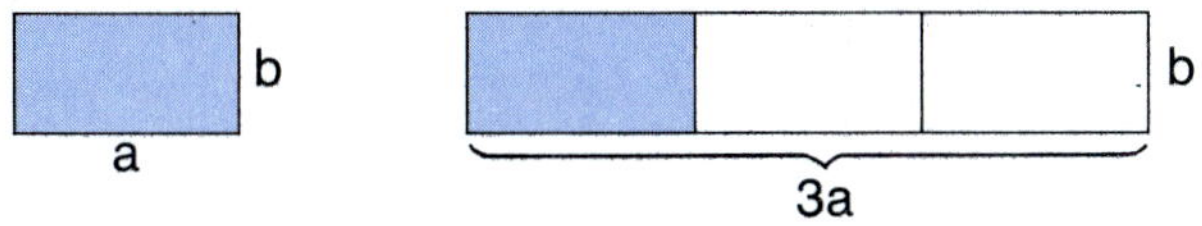

$A(a, b) = a \cdot b$ $\quad A(3a, b) = (3a) \cdot b = 3 \cdot (a \cdot b) = 3 \cdot A(a, b) \rightarrow A(3a, b) = 3 \cdot A(a, b)$ Deute!

$A(na, b) =$ ______________________ ______________

A und a sind ______________ proportional.

b)

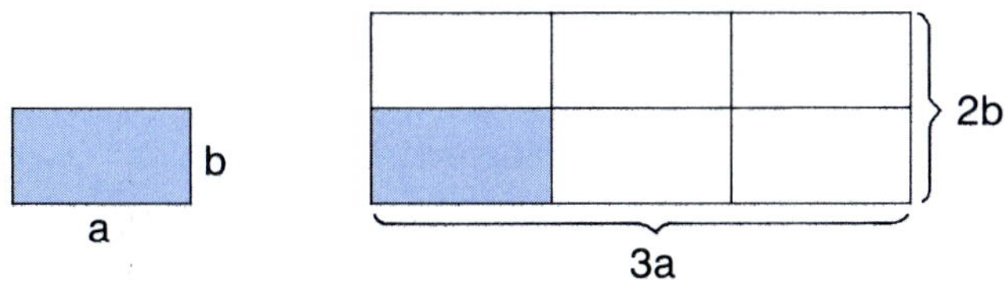

$A(a, b) = a \cdot b$ $\quad A(3a, 2b) = (3a) \cdot (2b) =$ ______________ ______________ Deute!

$A(na, sb) =$ ______________________ ______________

c)

$A(a, b) = a \cdot b$ $\quad A(a + 3, b) = (a + 3) \cdot b = a \cdot b + 3 \cdot b = A(a, b) + 3b$ Deute!

d)

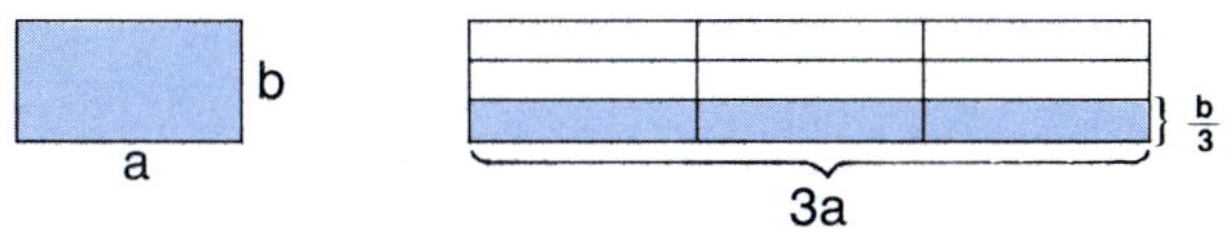

Aus der Zeichnung erkennt man:
Die Breite b muß gedrittelt werden.

$A(a, b) = a \cdot b$ $\quad A(3a, \frac{b}{3}) =$ ______________________ $= A(a, b)$

B 890

Wir betrachten zum Abschluß noch die Umfangsformel für das Rechteck: $u = 2 \cdot (a + b)$

a) Wie ändert sich u, wenn man a vergrößert?
b) Wie ändert sich u, wenn man a verkleinert, b aber vergrößert?
c) Wie ändert sich u, wenn man a verdoppelt? Sind u und a proportional?
d) Wie ändert sich u, wenn man a und b ver-n-facht?

a) und b) sind selbst zu beantworten!

c)

$u(a, b) = 2 \cdot (a + b)$ $\quad u(2a, b) = 2 \cdot (2a + b) = 4a + 2b = 2(a + b) + 2a = u(a, b) + 2a$

u und a sind ______________ proportional.

d) $u(na, nb) = 2 \cdot (na + nb) =$ ______________________________

Übungen:

891 Ein Auto fährt mit einer Durchschnittsgeschwindigkeit von 80 km/h. Der dabei zurückgelegte Weg kann durch die Formel $s(t) = 80 \cdot t$ (t in Stunden) beschrieben werden.
Wie ändert sich s, wenn man a) t vergrößert, b) t verdoppelt bzw. verfünffacht, c) t um 1 vergrößert?
Ist s zu t direkt oder indirekt proportional?

892 Der Umfang eines Quadrates mit der Seitenlänge s ist gegeben durch $u(s) = 4 \cdot s$
a) Wie ändert sich u, wenn man s verdoppelt, viertelt bzw. ver-n-facht?
Sind u und s proportional?
b) Wie ändert sich u, wenn man s um 1 vergrößert?

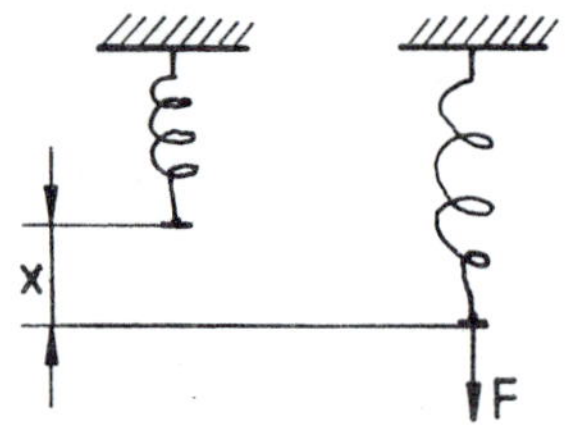

893 Die Kraft, die eine Feder um die Strecke x dehnt, ist gegeben durch $F(x) = k \cdot x$
Dabei bedeutet k eine Konstante, die von der Beschaffenheit der Feder abhängt.
a) Wie ändert sich F, wenn man die Dehnungsstrecke x verdreifacht bzw. ver-s-facht?
Was folgt daraus für den Zusammenhang zwischen F und x?
b) Wie ändert sich F, wenn man x um 2 vergrößert?

894 Jemand möchte am Markt um 300 S Äpfel einkaufen. Beträgt der Preis für 1 kg Äpfel x Schilling, so erhält man eine Menge M, die gegeben ist durch die Formel: $M(x) = \frac{300}{x}$
Wie ändert sich M, wenn man a) x verkleinert, b) x verdoppelt bzw. halbiert?
c) Ist M zu x direkt oder indirekt proportional?

895 Der Flächeninhalt eines rechtwinkeligen Dreiecks mit den Katheten a und b lautet: $A = \frac{a \cdot b}{2}$
a) Ist A zu b direkt oder indirekt proportional? Begründe deine Antwort!
b) Wie muß man b ändern, wenn man a halbiert und der Flächeninhalt gleich bleiben soll?

896 Wird in der Zeit t eine Fahrtstrecke s zurückgelegt, so ist die Durchschnittsgeschwindigkeit durch die Formel $v(s,t) = \frac{s}{t}$ gegeben.
a) Wie ändert sich v, wenn man s verdoppelt und t gleichläßt?
Besteht eine Proportionalität zwischen den Größen v und s?
b) Wie ändert sich v, wenn man t halbiert bzw. verfünffacht? (s bleibt konstant.)
Besteht eine Proportionalität zwischen diesen beiden Größen?
c) Wie ändert sich v, wenn man s verdreifacht und t halbiert?
d) Wie müßte man s und t ändern, wenn sich v nicht ändern soll?

897 Jemand hat für seinen Urlaub 6 000 S zur Verfügung und gibt täglich 400 S aus.
Nach t Tagen hat er dann noch R Schilling, wobei R durch die Formel $R(t) = 6\,000 - 400 \cdot t$ gegeben ist.
a) Wie ändert sich R, wenn man t vergrößert?
b) Sind R und t zueinander proportional? Überlege mit Hilfe der Zahlenwerte $t = 3$ und $t = 6$ und begründe sodann allgemein!

898 Die gesamte Kantenlänge eines Quaders ist gegeben durch $K = 4 \cdot (a + b + c)$.
a) Wie ändert sich K, wenn man die Länge a verdoppelt?
b) Wie ändert sich K, wenn man a, b und c verdreifacht?

899 Gegeben ist die Formel: $R = \frac{K+2}{S}$
Wie ändert sich R, wenn man a) K vergrößert, b) S vergrößert, c) K verdoppelt, d) S verdoppelt?
e) Sind K und R bzw. S und R proportional? Begründe!

900 Gegeben ist die Formel: $R = \frac{2 \cdot K}{S}$
Beantworte dieselben Fragen wie in der vorhergehenden Übung!

9 Berechnung von Flächeninhalten

9.1 Flächeninhalt und Umfang bekannter Figuren

B 901 Für die Berechnung des Flächeninhalts bzw. des Umfangs sind dir aus dem Mathematikunterricht der vorangegangenen Klassen folgende Formeln bekannt; begründe die Formeln!

Rechteck 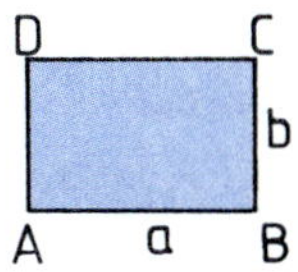	Flächeninhalt: $A = a \cdot b$	Umfang: $u = 2 \cdot (a + b) = 2a + 2b$
Quadrat 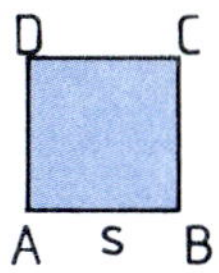	Flächeninhalt: $A = s \cdot s = s^2$	Umfang: $u = 4\,s$
Rechtwinkeliges Dreieck 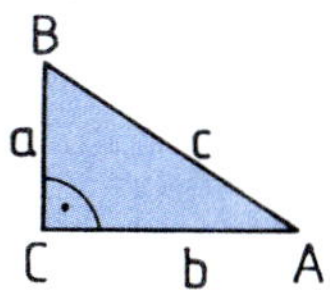	Flächeninhalt: $A = \frac{a \cdot b}{2}$	Umfang: $u = a + b + c$

B 902 Berechne den Flächeninhalt der gezeichneten Fläche!

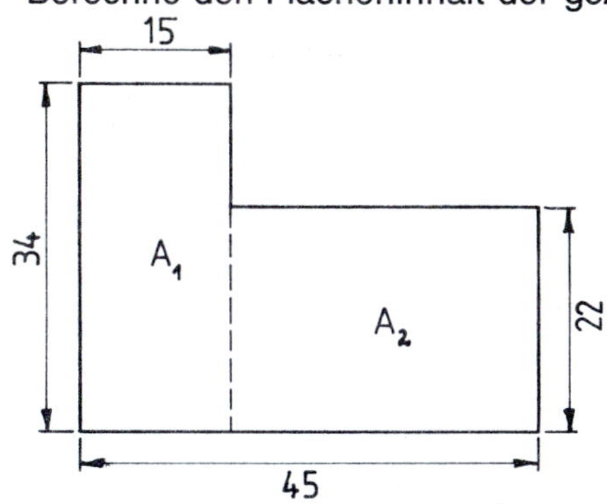

$A_1 = 3{,}4 \cdot 1{,}5\ cm^2 = 5{,}1\ cm^2$

Wir verwenden nun eine andere Schreibweise:

$A_1 = 3{,}4\ cm \cdot 1{,}5\ cm = 3{,}4 \cdot 1{,}5\ cm \cdot cm = 5{,}1\ cm^2$ *)

Rechne weiter! Verwende dazu die neue Schreibweise!

$A_2 =$ ______________________

$A =$ ______________________

B 903

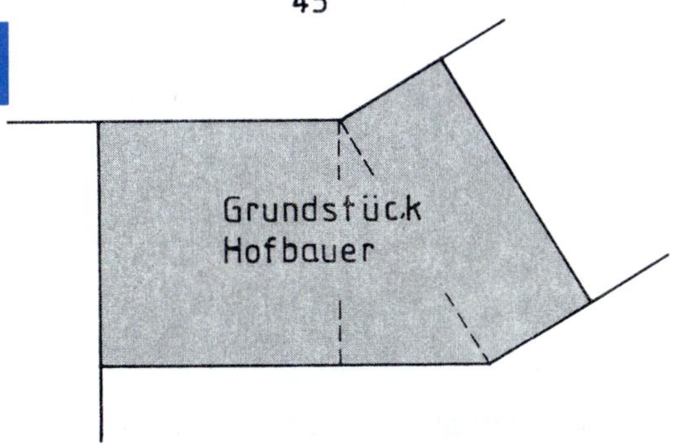

Herr Hofbauer will dieses im Maßstab M 1 : 10 000 dargestellte Grundstück erwerben.
Entnimm aus diesem Plan die notwendigen Maße und berechne den Flächeninhalt!
Der Preis für 1 m² liegt bei 48 S.
Wieviel Schilling hat Herr Hofbauer zu bezahlen, wenn man die Grunderwerbssteuer (3,5 % vom Grundstückpreis) dazurechnet!

*) Für cm . cm wird die Potenzschreibweise cm² verwendet.
Diese Schreibweise, zu jeder Größe in der Formel die Maßeinheit dazuzuschreiben, sieht zunächst komplizierter aus, bringt aber in der Anwendung (z. B.: in der Physik) einige Vorteile!

B 904

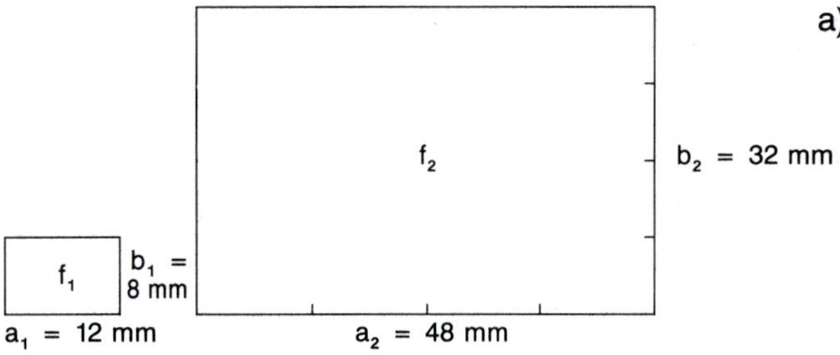

a) Beim Rechteck f_2 sind die Länge bzw. die Breite viermal so groß wie beim Rechteck f_1.
Vergleiche die Flächeninhalte und Umfänge der beiden Rechtecke!

$A_1 =$ ______ $A_2 =$ ______ $A_2 =$ ______ $. A_1$

$u_1 =$ ______ $u_2 =$ ______ $u_2 =$ ______ $. u_1$

Allgemein:

$A_1 = a_1 \cdot b_1 \qquad A_2 = a_2 \cdot b_2 = (4 \cdot a_1) \cdot (4 \cdot b_1) = 4 \cdot 4 \cdot a_1 \cdot b_1 = 16 \cdot A_1$

$u_1 = 2 \cdot a_1 + 2 \cdot b_1 \qquad u_2 = 2 \cdot a_2 + 2 \cdot b_2 = 2 \cdot (4 \cdot a_1) + 2 \cdot (4 \cdot b_1) = 4 \cdot (2 \cdot a_1 + 2 \cdot b_1)$
$= 4 \cdot u_1$

b) Überlege, wie sich Flächeninhalt und Umfang von f_1 ändern, wenn die Länge und die Breite verzehnfacht werden!

Übungen:

905 Berechne die fehlende Größe!

	a)	b)	c)	d)	e)
Länge a	35 cm	5,6 dm	0,32 m		
Breite b				120 m	1,4 km
Umfang u		4,3 m	24,2 dm		
Flächeninhalt A	980 cm²			312 a	497 ha

906 Berechne den Flächeninhalt und den Umfang dieser aus Rechtecken zusammengesetzten Flächen! Maße in Metern!

a)

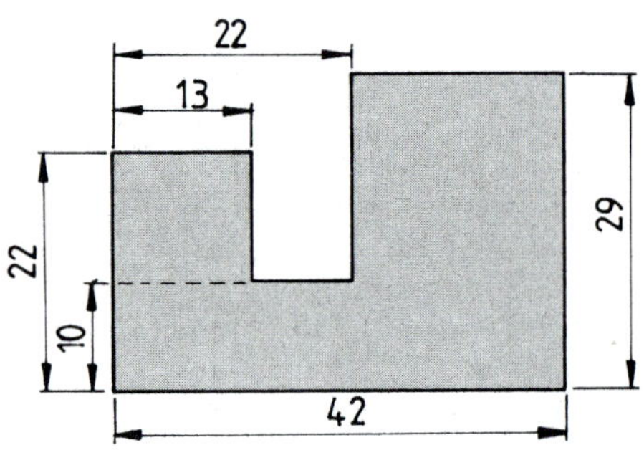

b)

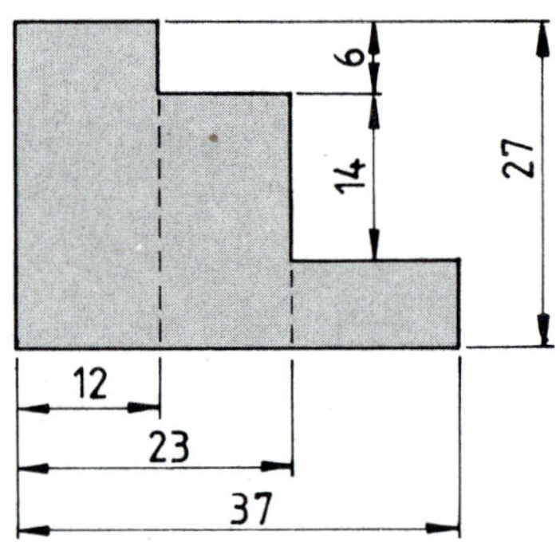

c)

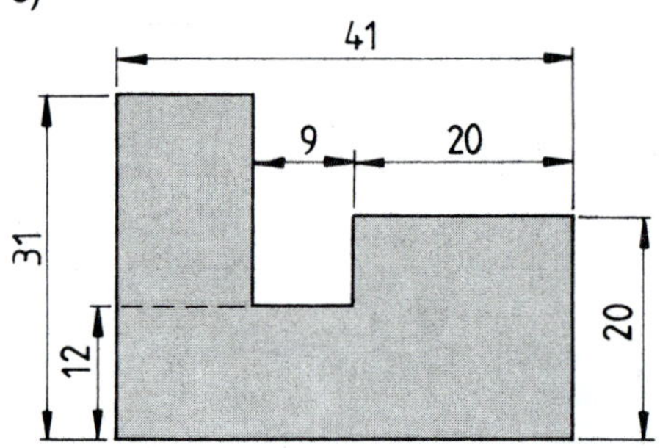

Gib den Flächeninhalt in Ar an!

907 Ein Faden ist 24 cm lang. Überlege, welches Rechteck größten Flächeninhalts damit begrenzt werden kann!

Erinnere dich: Die Umrechnungszahl für Flächenmaße ist 100!

1 mm² —(. 100)→ 1 cm² —(. 100)→ 1 dm² —(. 100)→ 1 m² —(. 100)→ 1 a —(. 100)→ 1 ha —(. 100)→ 1 km²

908 Rechne in das angegebene Flächenmaß um!

a) in cm²:	b) in m²:	c) in ha:
2 300 mm² = ________	350 dm² = ________	450 a = ________
314 mm² = ________	1 240 cm² = ________	13 000 m² = ________
0,12 dm² = ________	32 000 cm² = ________	3.2 km² = ________
0,045 dm² = ________	4,5 a = ________	0,25 km² = ________
0,01 m² = ________	12,6 ha = ________	$\frac{1}{8}$ km² = ________

909 Rechne um!

a) in mm²:	b) in cm²:	c) in dm²:	d) in m²:	e) in a:	f) in ha:
45 cm²	345 mm²	270 cm²	17 a	4 500 m²	10 000 m²
0,3 cm²	0,2 dm²	48 cm²	0,4 ha	$\frac{1}{2}$ ha	75 a
0,05 cm²	0,004 m²	0,5 m²	324,8 dm²	2,3 ha	3,4 km²
0,1 dm²	1,6 dm²	0,002 m²	$\frac{1}{2}$ ha	0,01 km²	0,02 km²

910 Berechne den Umfang und den Flächeninhalt des im Maßstab M 1 : 1 000 dargestellten Grundstückes!

M 1 : 1 000

911

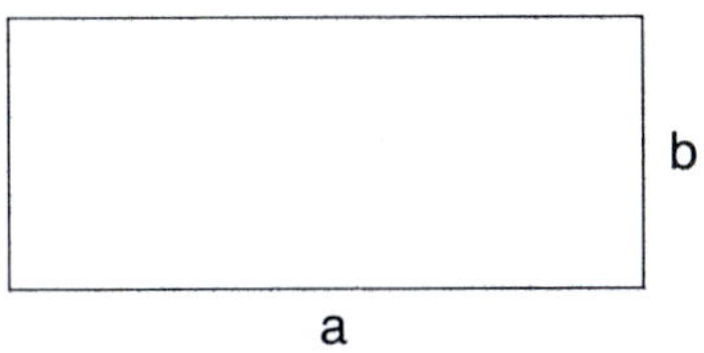

Dieses Rechteck ist verkleinert gezeichnet. Gib für die jeweiligen Maßstäbe die Größen in Wirklichkeit an! Schreib weiters den Umrechnungsfaktor dazu — was erkennst du daraus?

	M 1 : 10		M 1 : 50		M 1 : 2 000	
	Plan	Wirklichkeit	Plan	Wirklichkeit	Plan	Wirklichkeit
a	. 10 →		. →		. →	
b	. →		. →		. →	
u	. →		. →		. →	
A	. →		. →		. →	

912 Ein Getreidefeld ist 200 m lang und besitzt die dargestellte Form.

a) In welchem Maßstab ist das Feld dargestellt?
b) Wieviel Saatgut benötigt man, wenn für 1 ha 200 kg gerechnet werden?

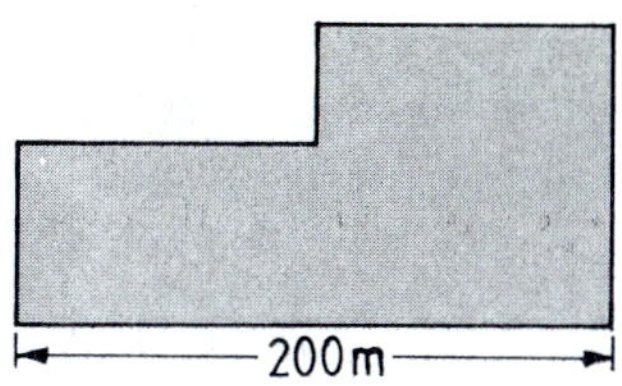

913 a) Wie viele Briefmarken der angegebenen Größe können auf einem DIN A 4 Format (297 mm x 210 mm) untergebracht werden, wenn mindestens 1 cm Rand bleiben soll? Überlege!

b) Wieviel Schilling kostet ein solcher Bogen, wenn eine Marke den Wert von S 4 hat?

914 Bei einem rechtwinkeligen Dreieck werden die Längen der Katheten verdoppelt. Um welchen Faktor ändert sich der Flächeninhalt? Überlege durch Zeichnung und Rechnung!

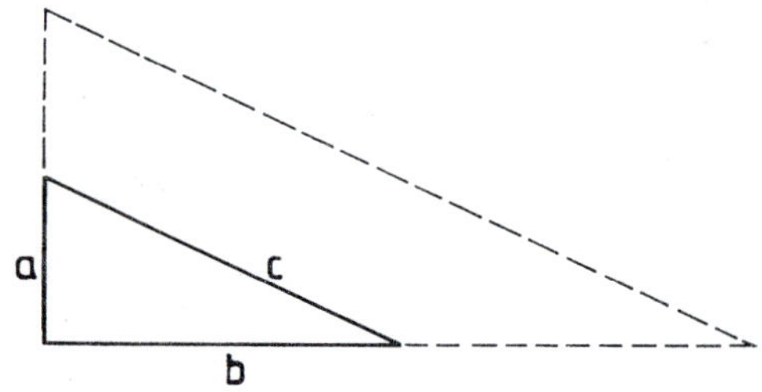

915 Ein Kopiergerät kann stufenlos verkleinern bzw. vergrößern. Um welchen Faktor ändert sich der Flächeninhalt, wenn der Vergrößerungs- bzw. Verkleinerungsfaktor folgende Werte besitzt:

a) 2 b) 0,5 c) 0,8 d) 1,5 e) 0,2

916 a) Um wieviel Prozent vergrößert sich der Flächeninhalt eines Quadrates, wenn die Seitenlänge um 10 % größer wird?

b) Um wieviel Prozent vergrößert sich der Flächeninhalt eines Quadrates, wenn der Umfang um 10 % größer wird?

917

DIN Normformate	
A 0	1189 mm x 841 mm
A 1	841 mm x 595 mm
A 2	595 mm x 420 mm
A 3	420 mm x 297 mm
A 4	297 mm x 210 mm
A 5	210 mm x 149 mm
A 6	149 mm x 105 mm

Vergleiche alle Flächeninhalte mit dem DIN A 0 Format!

Hinweis: Versuche ohne die Berechnung der einzelnen Flächeninhalte auszukommen!

918 Wie groß ist die Breite eines 82,5 cm langen Rechteckes, das den gleichen Flächeninhalt wie ein Quadrat mit 54 cm Seitenlänge besitzt?

919 Ein Quader wird von sechs Rechteckflächen begrenzt. Zeichne das Netz des Quaders und berechne seine Oberfläche!

a) $a = 4{,}2$ cm, $b = 2{,}5$ cm, $c = 6{,}3$ cm b) $a = 4{,}5$ cm, $b = 3$ cm, $c = 2{,}2$ cm

9.2 Der Flächeninhalt des Dreiecks

B 920 In der zweiten Klasse hast du bereits den Flächeninhalt von rechtwinkeligen Dreiecken berechnet.
Erkläre die Formel anhand der Zeichnung!
Miß die Längen der Seiten und bestimme den Flächeninhalt!

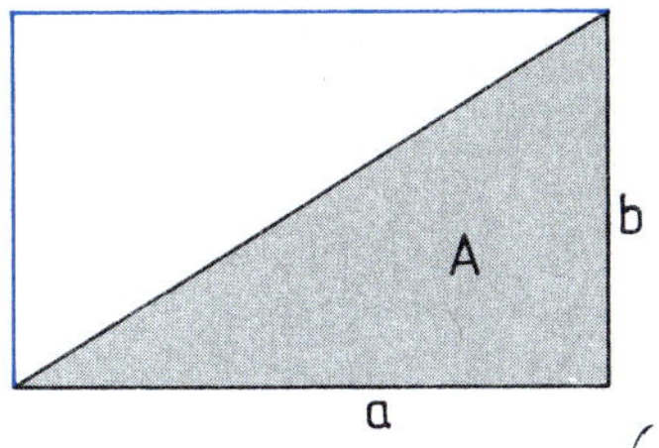

Flächeninhalt des Rechtecks:

$2\,A = a \cdot b$

Flächeninhalt des Dreiecks:

$A = \frac{a \cdot b}{2} =$ ______________

$A =$ ______________

B 921

Du siehst hier drei Möglichkeiten, den Flächeninhalt des Dreiecks ABC zu berechnen:

①

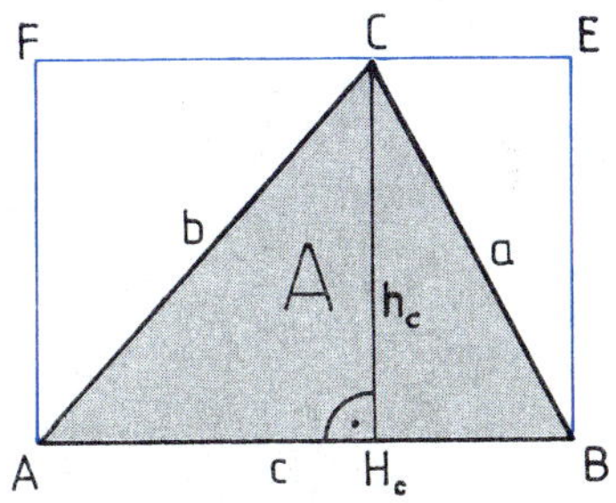

Der Flächeninhalt des Rechtecks ABEF ist doppelt so groß wie der Flächeninhalt des Dreiecks ABC. Begründe das!

$2\,.\,A = c\,.\,h_c$

Flächeninhalt des Dreiecks ABC:

$A = \frac{c \cdot h_c}{2}$

②

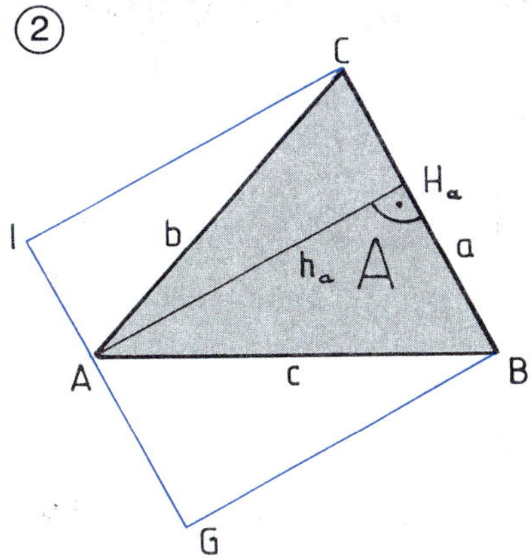

Überlege ebenso wie bei ① !

$2\,.\,A =$ ______________

Flächeninhalt des Dreiecks ABC:

$A =$

③

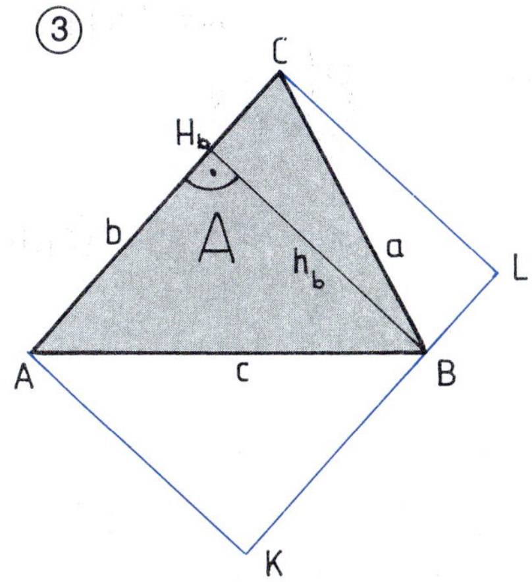

Überlege ebenso wie bei ① !

$2\,.\,A =$ ______________

Flächeninhalt des Dreiecks ABC:

$A =$

Flächeninhalt des Dreiecks = $\frac{\text{Seitenlänge mal zugehöriger Höhe}}{2}$ *)

B 922 Miß im gezeichneten Dreieck die Seitenlänge c und die zugehörige Höhe h_c und berechne den Flächeninhalt!

$A = \frac{c \cdot h_c}{2} =$ ______________

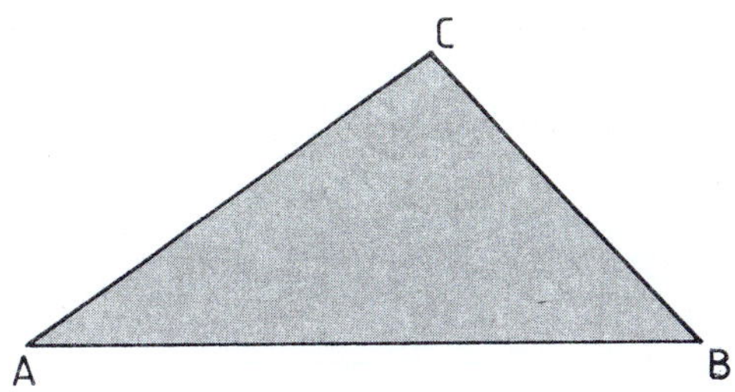

*) Wir haben die Flächenformel zunächst nur für spitzwinkelige Dreiecke hergeleitet — sie gilt aber auch für alle anderen Dreiecke. Beweis: Siehe Übung 944!

B 923 Vom Dreieck ABC sind der Flächeninhalt $A = 7{,}5\ cm^2$ und die Seite $c = 5$ cm bekannt. Bestimme die Höhe dieses Dreiecks!

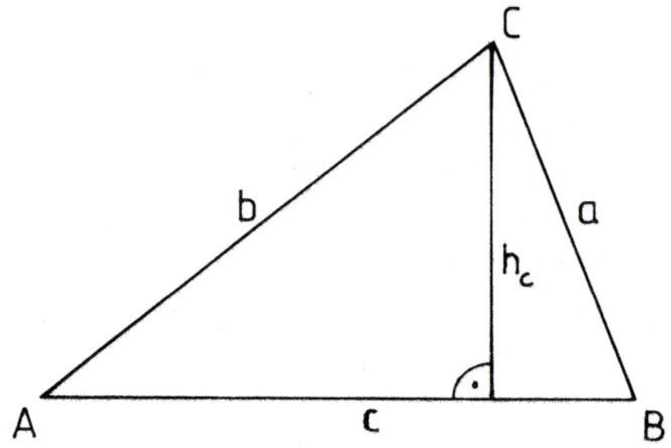

$A = \frac{c \cdot h_c}{2}$

$2 \cdot A =$ ________ Setze die gegebenen Zahlenwerte ein!

________ $= h_c$ $h_c =$ ________________

B 924 Die Straße entlang Herrn Konrads Grundstück ist 240 m lang. Der Flächeninhalt des Grundstückes beträgt 1,92 ha.
Kannst du aus diesen Angaben die Entfernung des Grundstückeckes Z von der Straße berechnen?

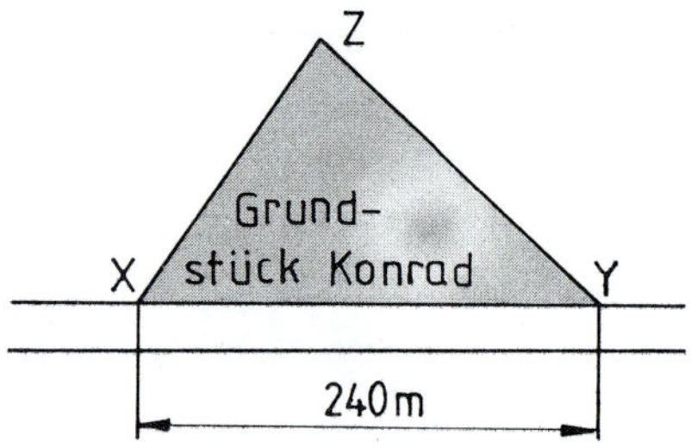

B 925 Alle gezeichneten Dreiecke besitzen den gleichen Flächeninhalt. Begründe!

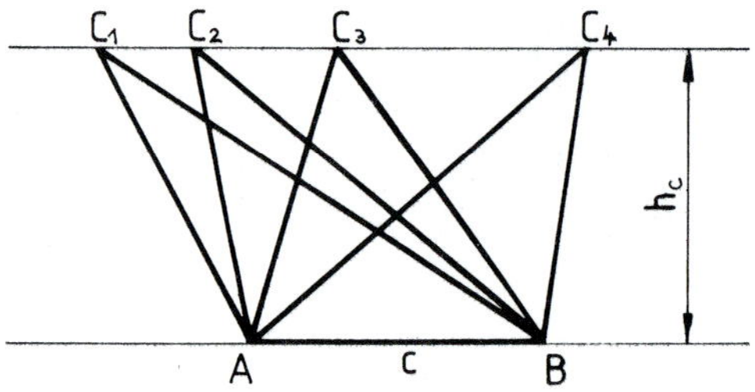

Zentrische Streckung und Flächeninhalt

Wird eine Figur mit dem Faktor $k = 2$ zentrisch gestreckt, so wird jede Seitenlänge verdoppelt, der Flächeninhalt aber vervierfacht sich.
Das kannst du dir mit folgenden Zeichnungen veranschaulichen:

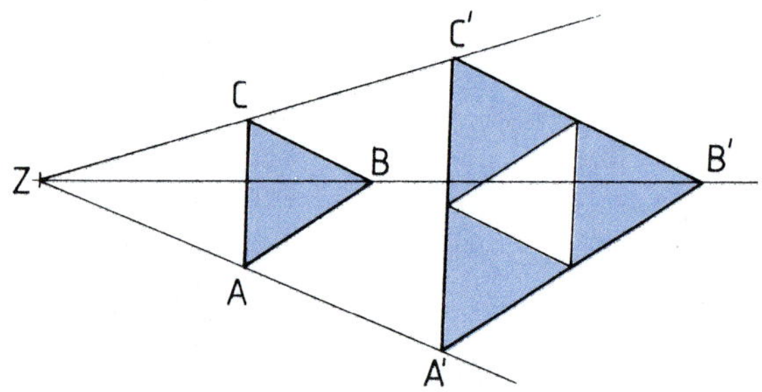

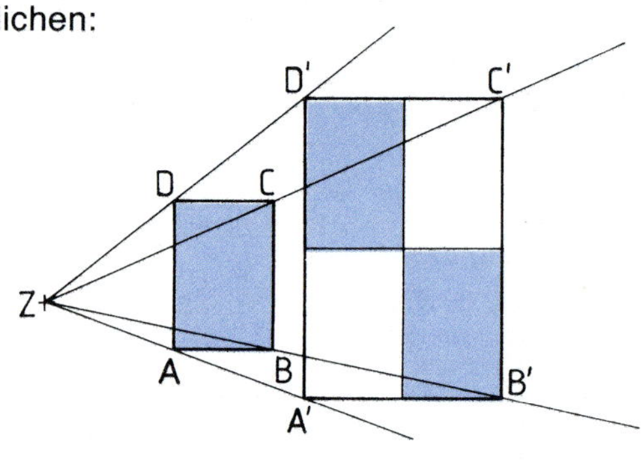

Wir beweisen nun rechnerisch, daß bei einer Streckung mit dem Faktor k der Flächeninhalt eines Dreiecks auf das k^2-fache steigt:

	Seitenlänge	zugehörige Höhe	Flächeninhalt
1. Dreieck:	c	h	$A_1 = \frac{c \cdot h}{2}$
2. Dreieck:	$k \cdot c$	$k \cdot h$	$A_2 = \frac{(k \cdot c) \cdot (k \cdot h)}{2} = \frac{k^2 \cdot c \cdot h}{2} = k^2 \cdot A_1$

B 926 Wird eine **beliebige Figur** mit dem Faktor k gestreckt, so wird der Flächeninhalt der Figur auf das k^2-fache vergrößert. Warum folgt dieser Satz aus dem entsprechenden Satz für Dreiecke? (Siehe oben!)

B 927 Wie ändert sich der Flächeninhalt eines Dreiecks, wenn
a) r verdreifacht und h_r verdoppelt wird,
b) r halbiert und h_r verdoppelt wird,
c) r verfünffacht und h_r verdreifacht wird,
d) r versechsfacht und h_r geviertelt wird.
e) Sind r und A zueinander direkt proportional?

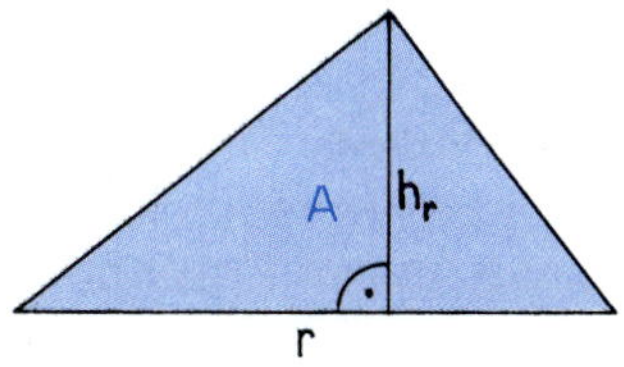

Übungen:

928 Bestimme den Flächeninhalt des Dreiecks!
Miß aus der Zeichnung die dazu benötigten Größen!

a)

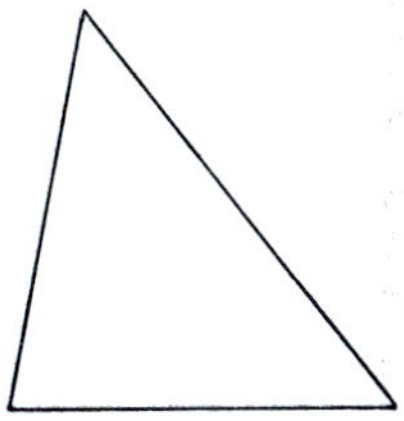

b)

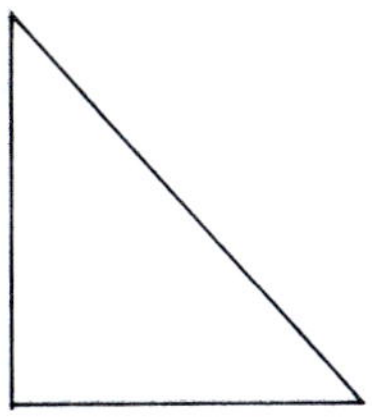

c)

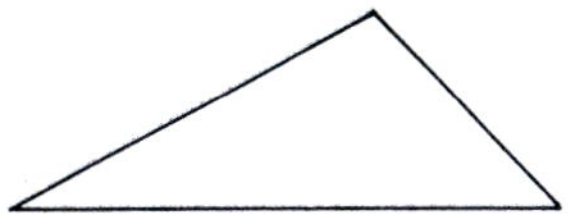

d)

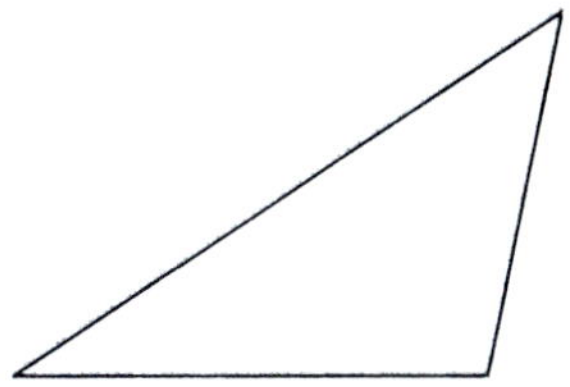

929 Berechne den Flächeninhalt des rechtwinkeligen Dreiecks:

a) $a = 2{,}5$ cm; $b = 4{,}2$ cm
b) $a = 12{,}2$ cm; $b = 8{,}9$ cm
c) $a = 3{,}4$ km; $b = 1{,}8$ km
d) $a = 4$ m 3 dm; $b = 1$ m 7 dm

930 Berechne den Flächeninhalt des Dreiecks!

a) $a = 5{,}8$ cm, $h_a = 3{,}2$ cm
b) $b = 4{,}2$ dm, $h_b = 0{,}53$ m
c) $c = 26{,}4$ m, $h_c = 5{,}9$ m

931 Berechne den Flächeninhalt des Dreiecks!

a) $a = 6{,}4$ cm
$h_a = 3{,}1$ cm

b) $c = 26{,}4$ m
$h_c = 5{,}9$ m

c) $b = 4{,}2$ dm
$h_b = 0{,}53$ m

d) Rechtwinkeliges Dreieck
$a = 66$ cm
$b = 24$ cm

932 Zeichne ein spitzwinkeliges, ein rechtwinkeliges und ein stumpfwinkeliges Dreieck mit $c = 4{,}8$ cm und $h_c = 3{,}5$ cm.
Was kannst du über den Flächeninhalt dieser Dreiecke aussagen?

933 Zeichne ein zum rechtwinkeligen Dreieck mit den Katheten $a = 3$ cm und $b = 4$ cm flächengleiches Dreieck mit $\alpha = 110°$!

934 Welchen Flächeninhalt besitzt das größte Dreieck, das aus einem Quadrat mit 1 dm Seitenlänge herausgeschnitten werden kann?

935 Ein dreieckiges Grundstück wird vermessen.
a) Zeichne einen Plan im Maßstab M 1 : 1 000 und ermittle den ungefähren Flächeninhalt des Grundstücks!
b) Um wieviel Quadratmeter ändert sich der Flächeninhalt, wenn durch einen Meßfehler die Höhe im Plan um 1 mm zu groß gemessen wird?

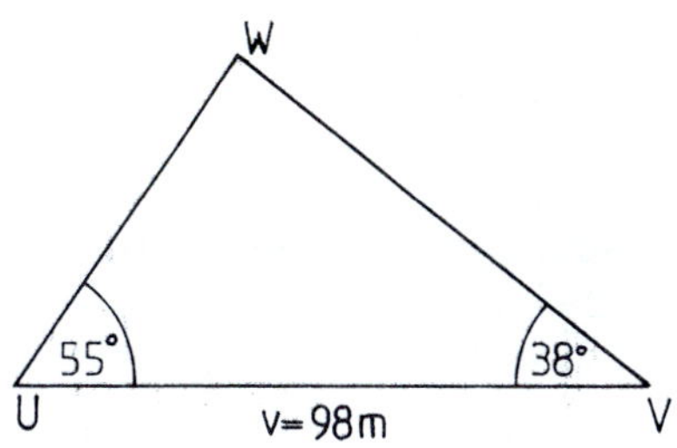

936 Herr Immergrün gießt während der Trockenzeit im Sommer den Rasen in seinem Garten nach den Tips eines Gärtners: Er gießt nur jeden 5. Tag, dafür aber mit 15 Liter/m².
Berechne den Wasserverbrauch für das dargestellte Grundstück.
(Überlege, ob diese Art der Rasenbewässerung sinnvoll ist — denke an die Verdunstung).

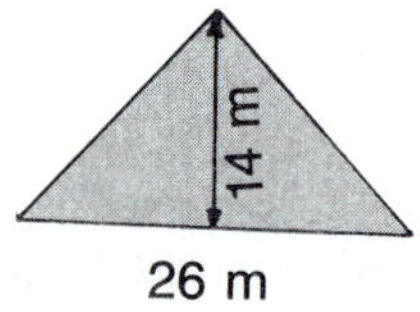

937 Du siehst hier zwei Möglichkeiten der Bespannung eines Hängegleiters. Berechne jeweils den Flächeninhalt der Tragflächen!

a)

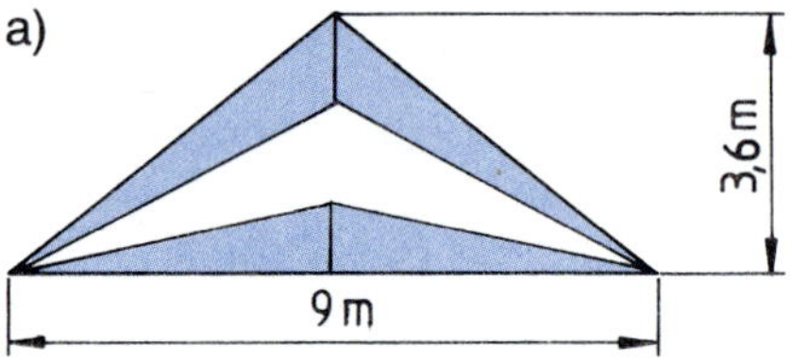

b)

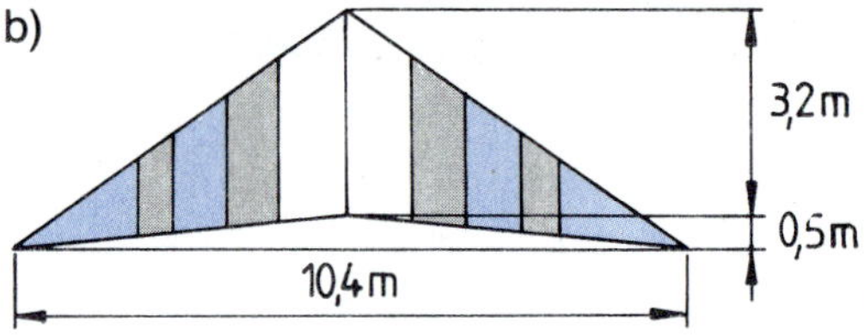

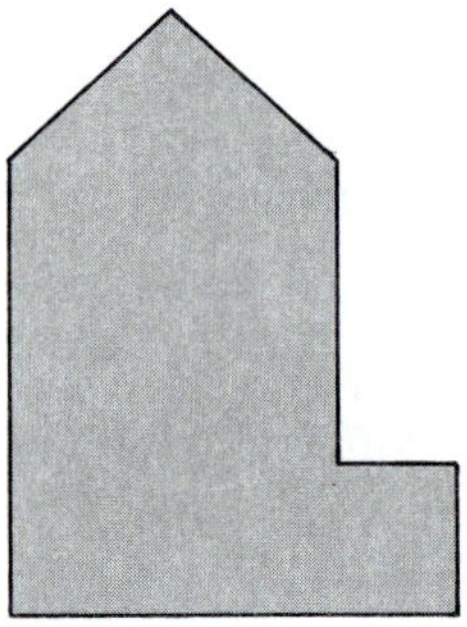

M 1:500

938 Die fensterlose Seitenansicht eines Wohnhauses besitzt die im Plan dargestellte Form. Diese Wand soll neu verputzt werden.
Berechne die Kosten, wenn für 1 m² für Arbeit und Material 380 S bezahlt werden und die Leihgebühr für das Gerüst 12 000 S beträgt.

939 Konstruiere das Dreieck, miß die notwendigen Größen ab und berechne seinen Flächeninhalt!

a) $a = 75$ mm, $b = 37$ mm, $\gamma = 60°$

b) $a = 52$ mm, $b = 58$ mm, $c = 95$ mm

c) $c = 83$ mm, $\alpha = 65°$, $\beta = 28°$

d) $a = 39$ mm, $b = 58$ mm, $\alpha = 37°$

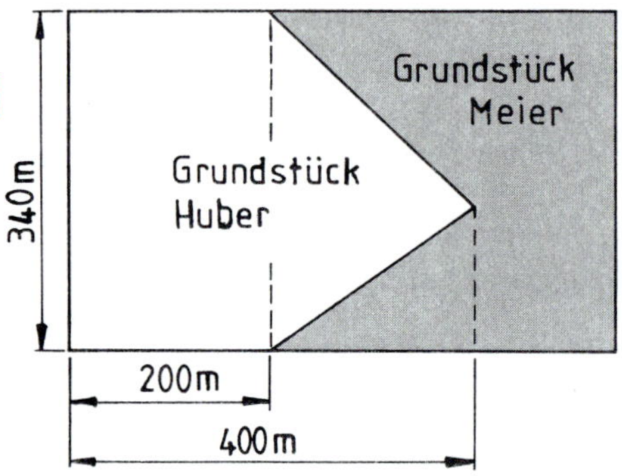

940 Zwei Bauern möchten ihre Grundgrenzen begradigen. Dabei sollen die Flächen der beiden Grundstücke bei gleichbleibendem Flächeninhalt rechteckig werden.

a) Zeichne die neue Grundgrenze ein!

b) Der m²-Preis des Grundstückes Huber liegt bei 45 S, der des Grundstückes Meier bei 52 S.
Berechne, wieviel Schilling Bauer Huber zu bezahlen hätte!

941 Berechne den Flächeninhalt des Dreiecks, dessen Eckpunkte im Koordinatensystem gegeben sind!
Einheit im Koordinatensystem: 1 cm.
Miß die Länge einer Seite und der zugehörigen Höhe!
Rechne auf zwei Arten und bestimme aus den beiden Ergebnissen den Mittelwert!

a) R (1,1), S (6,1), T (7,5)

b) X (0,3), Y (5,0), Z (6,6)

942 Berechne aus dem Flächeninhalt und der Seite die zugehörige Höhe!

a) $A = 9{,}88\ cm^2$
$a = 5{,}2\ cm$

b) $A = 14{,}49\ cm^2$
$b = 4{,}6\ cm$

c) $A = 10{,}73\ cm^2$
$c = 7{,}4\ cm$

943 Herr Hofinger weiß, daß sein dreieckiges Grundstück 4 200 m² groß ist.
Die stark eingezeichnete Seite ist 84 m lang.
Wie weit ist der gegenüberliegende Eckpunkt von der Seite entfernt?

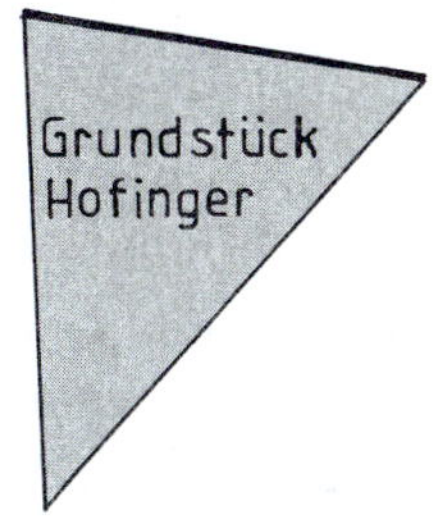

944 Begründe die Formel für den Flächeninhalt des Dreiecks mit Hilfe zweier rechtwinkeliger Teildreiecke!

a) spitzwinkeliges Dreieck

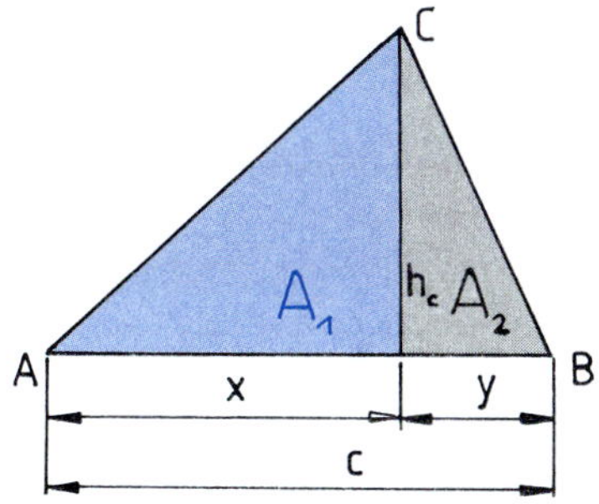

$A = A_1 + A_2 = \dots = \frac{c \cdot h_c}{2}$

b) stumpfwinkeliges Dreieck

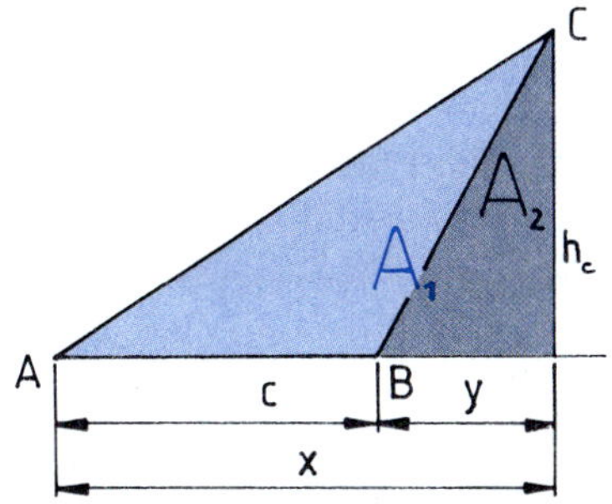

$A = A_1 - A_2 = \dots = \frac{c \cdot h_c}{2}$

945 Das Dreieck ABC mit a = 4 cm, b = 3 cm, c = 2 cm wird durch eine zentrische Streckung mit dem Streckungsfaktor 3 in ein Dreieck A′B′C′ übergeführt.
Um welchen Faktor ändert sich der Umfang, um welchen Faktor der Flächeninhalt des Dreiecks?

946 Vergleiche die beiden Dreiecke ① und ② !

Um das Wievielfache ändert sich der Flächeninhalt der Dreiecke?
Rechne möglichst einfach!

a) ① → ②
$a = 3\ cm \rightarrow 6\ cm$
$h_a = 2{,}5\ cm \rightarrow 5\ cm$

b) ① → ②
$b = 4\ cm \rightarrow 8\ cm$
$h_b = 1{,}5\ cm \rightarrow 4{,}5\ cm$

c) ① → ②
$c = 12\ cm \rightarrow 18\ cm$
$h_c = 9\ cm \rightarrow 6\ cm$

Welches Dreieckspaar (a, b oder c) könnte durch zentrische Streckung entstanden sein?

947 Ein dreieckiges Grundstück wird in einem Koordinatensystem verkleinert dargestellt, wobei 10 m in der Wirklichkeit 1 cm in der Zeichnung entsprechen (Einheit auf den beiden Achsen 1 cm):

A (– 3,5/– 1), B (4,2/0), $\alpha = 70°$, $\beta = 49°$ (Linksumlaufsinn)

a) Gib die Koordinaten des Eckpunktes C an!
b) Bestimme den Flächeninhalt des Grundstücks! Miß dazu notwendige Längen in der Zeichnung ab!

948 Vier dreieckige Grundstücksparzellen sollen zusammengelegt werden. Die Eckpunkte dieser Grundstücke sind in einem Koordinatensystem angegeben. Der Einheit e = 1 cm sollen in Wirklichkeit 20 m entsprechen.

Parzelle 15 a: $\triangle$ ABC
Parzelle 15 b: $\triangle$ ACE
Parzelle 15 c: $\triangle$ CDE
Parzelle 15 d: $\triangle$ DFE

A (−4/3), B (−3/2), C (0/2), D (3/−2), E (3/6), F (6/2)

a) Zeichne diese Grundstücksparzellen in einem Koordinatensystem!
b) Berechne ihren gesamten Flächeninhalt! (Höhen gegebenenfalls abmessen!)

949 a) Stelle eine Formel für den Flächeninhalt des dargestellten Grundstückes auf!
b) Setze für a = 45 m, b = 64 m und c = 30 m ein!

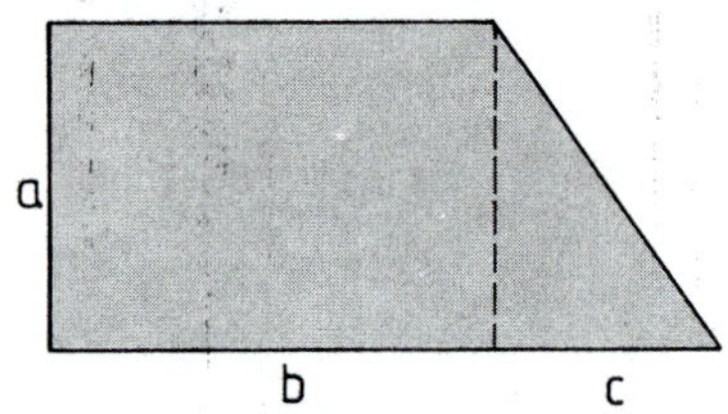

950 a) Stelle eine Formel für den Flächeninhalt des dargestellten Grundstückes auf!
b) Setze für a = 50 m, b = 42 m, c = 35 m und d = 18 m ein!

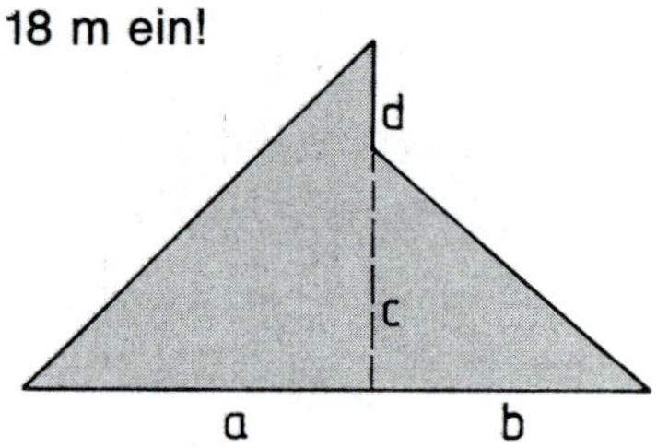

951 Berechne den Flächeninhalt der dargestellten Figuren mit Hilfe der angegebenen Variablen!

a)

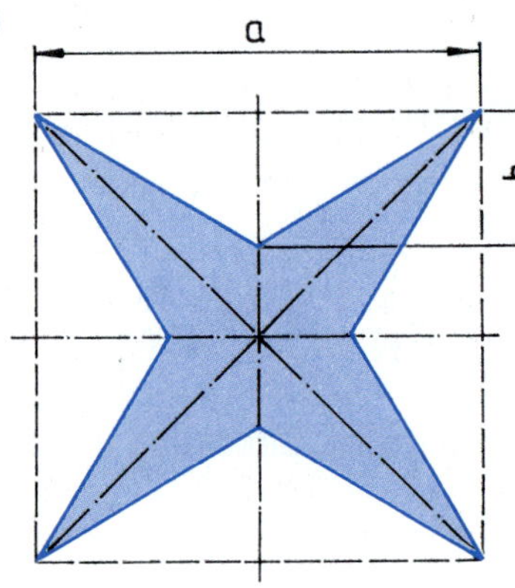

b)

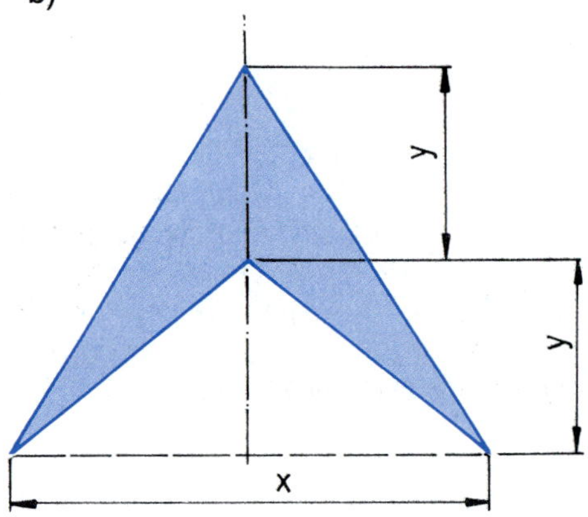

c)

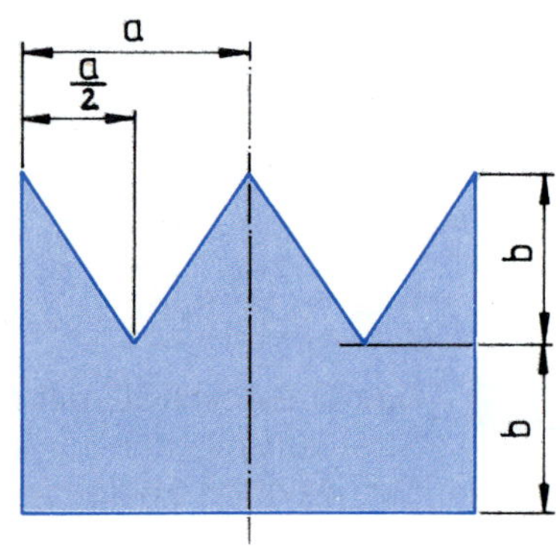

952 Bei diesem im Koordinatensystem gegebenen Dreieck sind die Koordinaten der Eckpunkte durch Variablen ausgedrückt.
Gib mit Hilfe dieser Variablen eine Formel für den Flächeninhalt des Dreiecks an!

a)

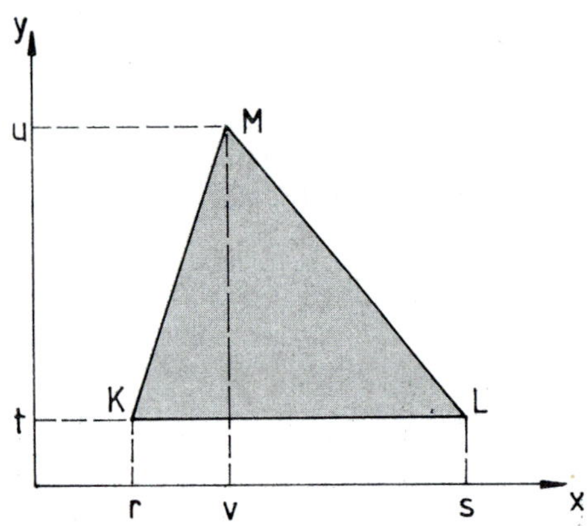

b)

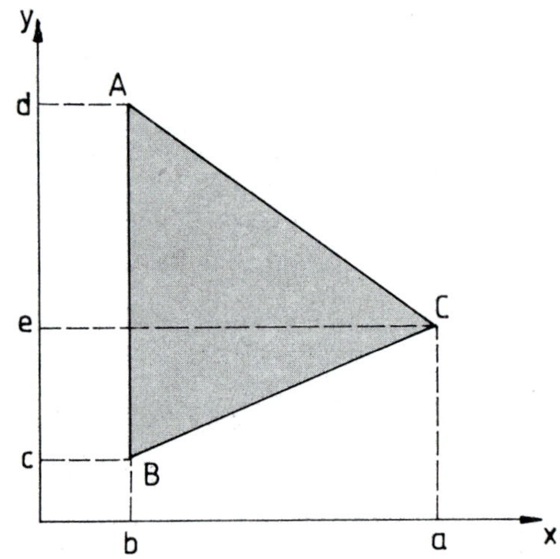

9.3 Der Flächeninhalt des Parallelogrammes

Um den Flächeninhalt eines Parallelogrammes zu berechnen, verwandeln wir es in ein flächengleiches Rechteck. Es sind hier zwei Möglichkeiten dafür angegeben.
Begründe, warum der Flächeninhalt des Parallelogrammes gleich dem des Rechteckes ist!

1. Möglichkeit

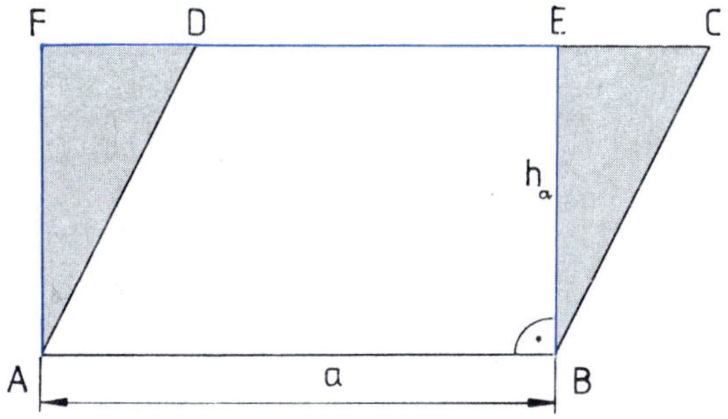

2. Möglichkeit

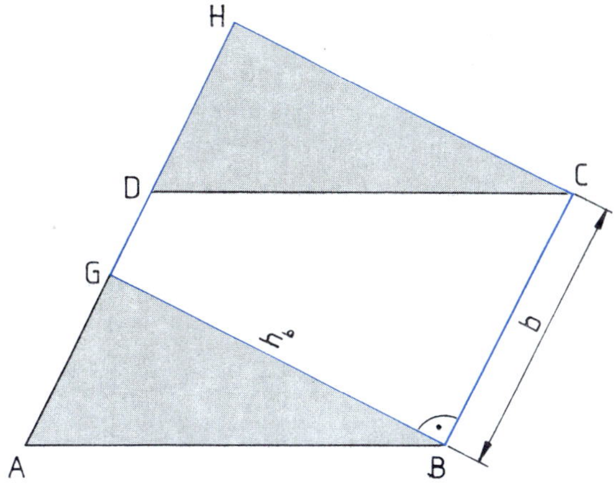

Flächeninhalt des Parallelogrammes ABCD = Flächeninhalt des Rechteckes ABEF

$A = a \cdot h_a$

Flächeninhalt des Parallelogrammes ABCD = Flächeninhalt des Rechteckes BCHG

$A = b \cdot h_b$

Der Flächeninhalt eines Parallelogrammes ist gleich der Länge einer Seite mal der Länge der zugehörigen Höhe.

B 953 Miß bei den oben gezeichneten Parallelogrammen Seiten und zugehörige Höhen ab und berechne ihren Flächeninhalt!

$A = a \cdot h_a =$ ________________ $A = b \cdot h_b =$ ________________

B 954

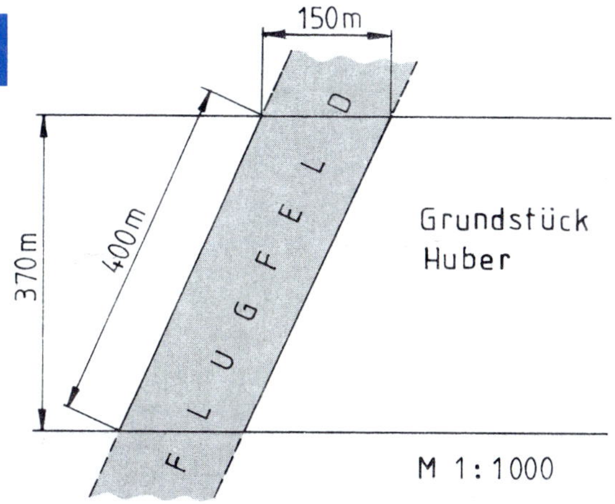

Der Fliegerklub „FC Bruchlandung" will einen Segelflugplatz errichten. Dazu muß vom Wiesengrundstück des Herrn Huber ein Teil abgelöst werden.
Wieviel muß der Fliegerklub Herrn Huber bezahlen, wenn er für einen Quadratmeter 48 S verlangt?

____

____

____

____

Übungen:

955 Verwandle das Parallelogramm in ein flächengleiches Rechteck und berechne den Flächeninhalt! Zeichne das Rechteck über der angegebenen Seite!

a)

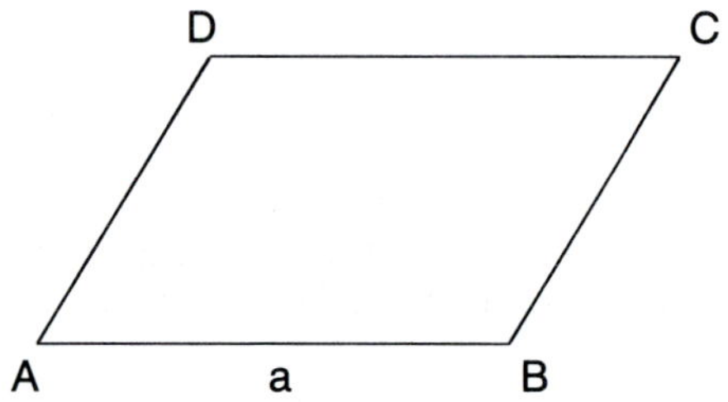

b)

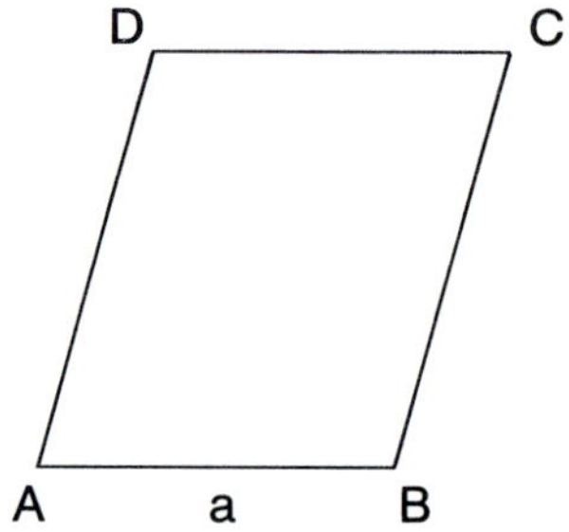

c)

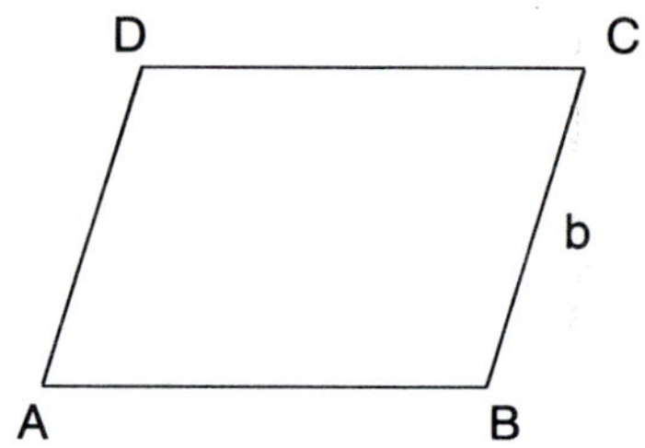

956 Berechne den Flächeninhalt des Parallelogramms:

a) $a = 35$ cm; $h_a = 12$ cm
b) $b = 13$ cm; $h_b = 37$ cm
c) $b = 1{,}7$ dm; $h_b = 0{,}8$ dm
d) $a = 2{,}8$ cm; $h_a = 2{,}3$ cm

957 Zeichne das Parallelogramm und berechne den Flächeninhalt auf zwei Arten! Miß die dazu benötigten Größen ab!

a) $a = 55$ mm, $b = 39$ mm, $\alpha = 60°$
b) $a = 53$ mm, $h_a = 36$ mm, $\alpha = 45°$
c) $\overline{AC} = 84$ mm, $\overline{BC} = 50$ mm, $h_a = 40$ mm
d) $h_a = 36$ mm, $h_b = 47$ mm, $\alpha = 52°$

958 Ein Grundstück hat die Form eines Parallelogramms ($a = 45$ m; $h_a = 30$ m). Berechne den Preis des Grundstücks, wenn ein Quadratmeter 750 S kostet.

959 Zwei parallele Straßen werden schräg durch einen 54 m langen und 1,3 m breiten Weg, der durch einen Privatgrund verläuft, verbunden. Berechne, wieviel Quadratmeter Grund dafür abgelöst werden müssen.

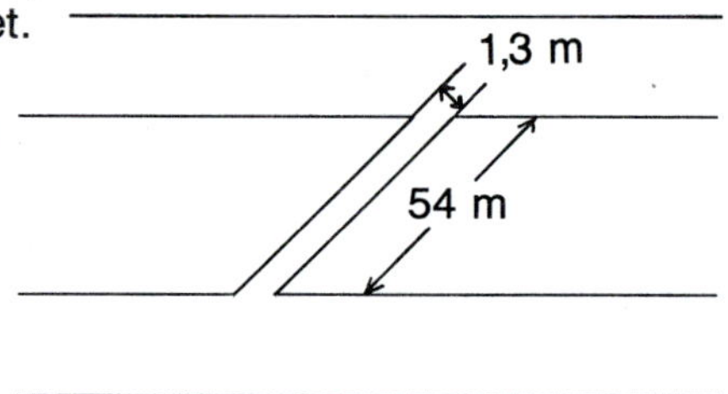

960 Ein 10 m langer und 6 m breiter, rechteckiger Vorplatz wird mit Betonziersteinen, welche die Form eines Parallelogramms ($a = 20$ cm, $h_a = 10$ cm) haben, belegt. Berechne, wieviel Ziersteine dazu notwendig sind, wenn für Abfall, Verschnitt und Bruch 10 % der Platzfläche mehr gerechnet wird.

961 Die Wand in einem Stiegenhaus wird neu gestrichen. Berechne, wieviel kg Farbe benötigt werden, wenn man pro Quadratmeter 0,3 kg Farbe benötigt.

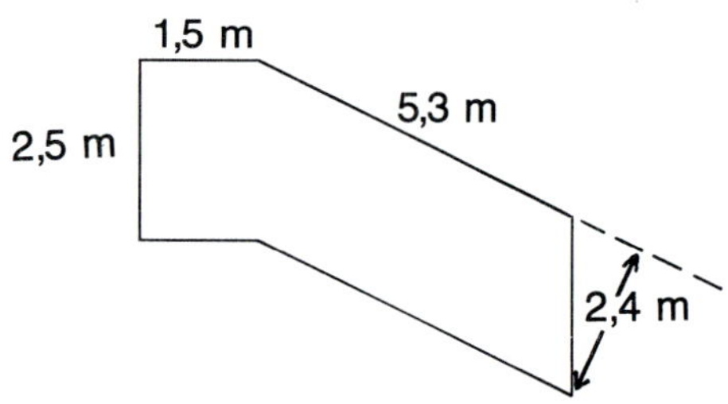

962 Eine Versicherungsgesellschaft erwirbt in einer Stadt ein Grundstück (Siehe Plan!) zur Errichtung eines Bürogebäudes. Wie teuer ist das Grundstück, wenn der Quadratmeterpreis 2 600 S beträgt?
Anleitung: Zeichne einen maßstabsgetreuen Plan und entnimm diesem nötige Größen!

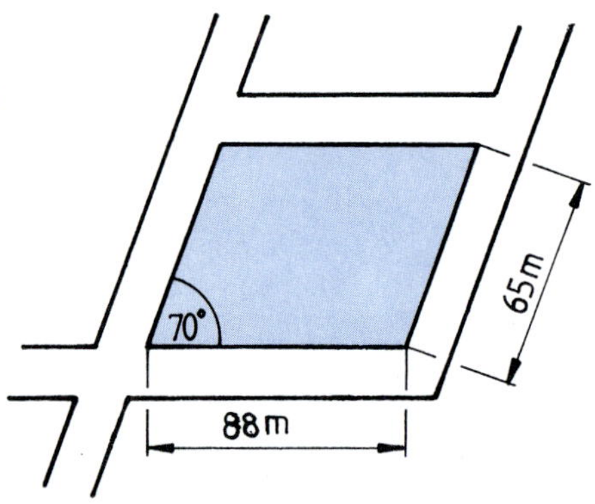

963 Das in der Zeichnung dargestellte Grundstück wird verkauft.
Berechne den Preis des Grundstücks, wenn ein Quadratmeter 250 S kostet. (Beachte: Die Straße wird nicht gekauft!)

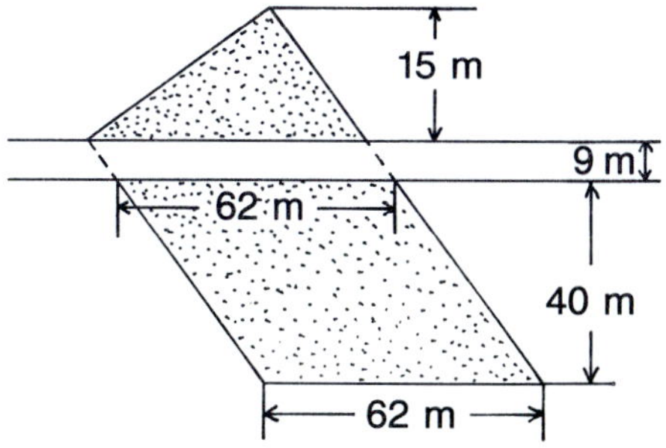

964

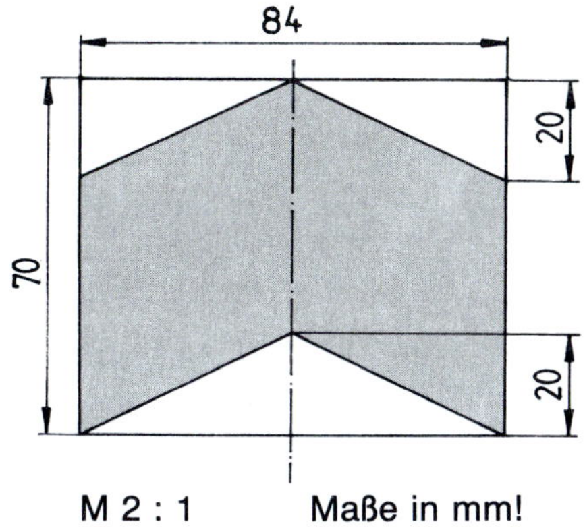

Aus einer rechteckigen Blechplatte soll ein Werkstück der dargestellten Form ausgeschnitten werden.

a) Wie groß ist der Flächeninhalt dieses Werkstückes?
b) Wieviel Prozent Verschnitt ergibt sich? (Flächeninhalt des Werkstückes ≙ 100 %)
c) Wieviel Prozent Verschnitt ergibt sich, wenn aus einer 70 cm x 45 cm großen Blechplatte 50 Stück herausgeschnitten werden? Überlege die Anordnung!

965

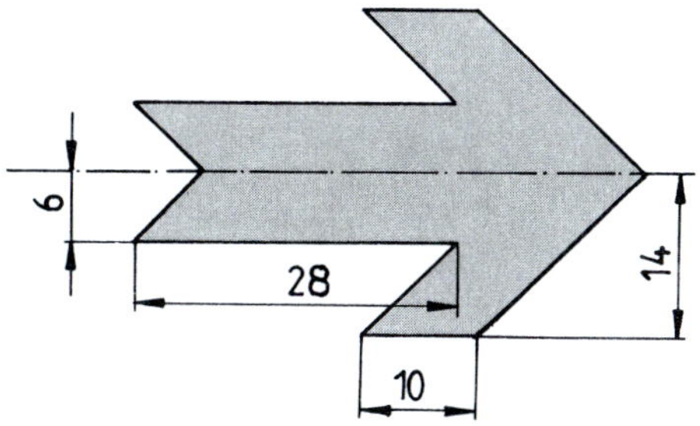

Berechne den Flächeninhalt des dargestellten „Pfeiles"!
Maße in cm!

966 Berechne den Flächeninhalt des dargestellten Werkstückes. (Maße in cm)

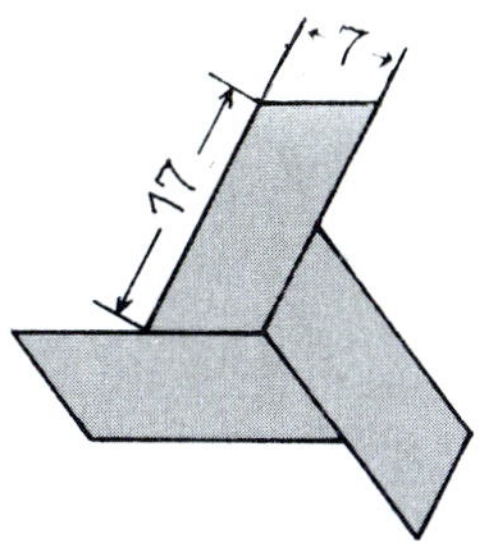

967 Der Flächeninhalt eines Parallelogrammes beträgt $A = 24\ \text{cm}^2$, die Länge der Seite $a = 6$ cm.

a) Berechne die Höhe des Parallelogrammes!
b) Ist mit diesen Angaben die Form des Parallelogrammes eindeutig festgelegt?

968 Berechne die zweite Höhe des Parallelogrammes!

a) $a = 24$ cm, $b = 12{,}5$ cm, $h_a = 8$ cm
b) $a = 58$ cm, $b = 84$ cm, $h_b = 40$ cm

969 Begründe die Formeln für den Flächeninhalt des Parallelogrammes durch Zerlegen in Teildreiecke!

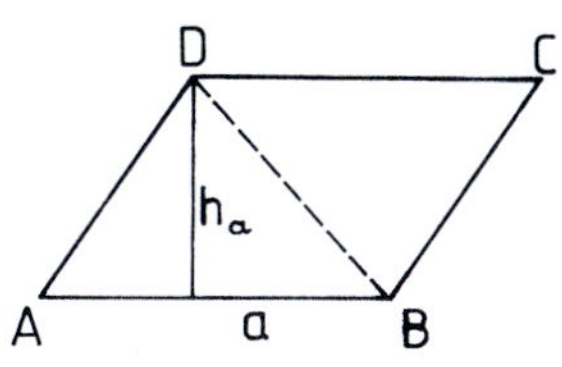

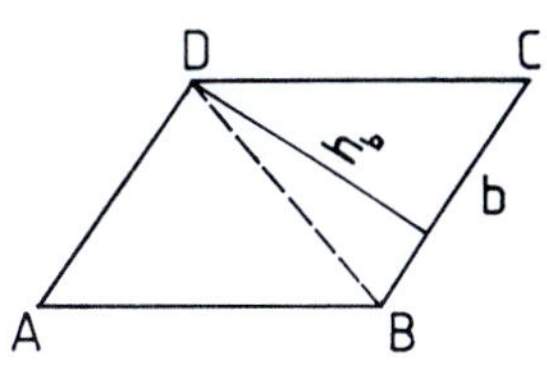

9.4 Der Flächeninhalt des Trapezes

B 970 Um den Flächeninhalt eines Trapezes durch eine Formel angeben zu können, verwandeln wir das angegebene Trapez in ein

a) Dreieck gleichen Inhalts.

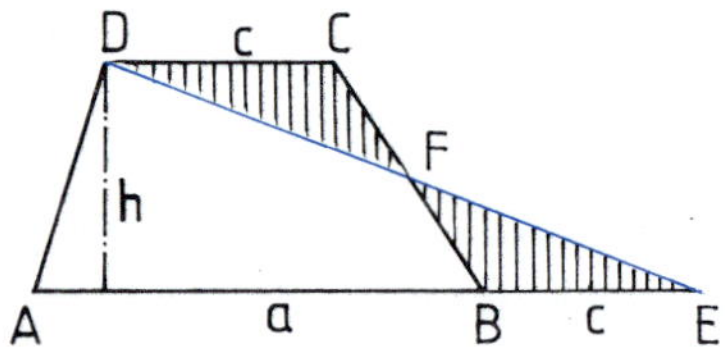

A = ______

b) Parallelogramm mit doppeltem Inhalt.

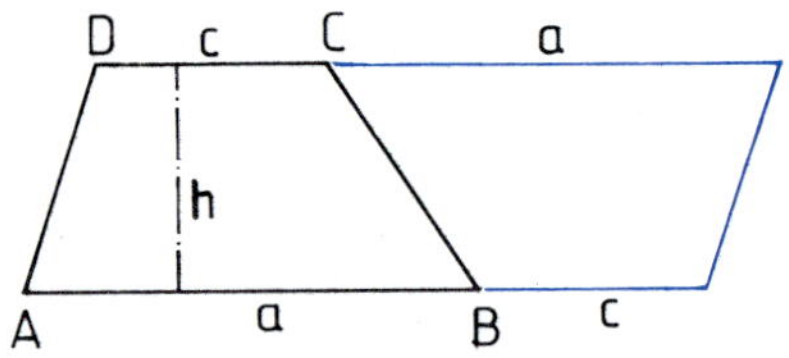

2A = ______ A = ______

Begründe, warum die beiden schraffierten Dreiecke flächengleich sind!

Begründe, warum die beiden Trapeze ein Parallelogramm bilden!

Der Flächeninhalt eines Trapezes lautet: $A = \frac{(a + c) \cdot h}{2}$

In Formelheften liest man oft auch diese Formel: $A = \frac{a + c}{2} \cdot h$

Begründe, daß beide Formeln gleichwertig sind!

B 971 Berechne den Flächeninhalt des zwischen zwei parallelen Güterwegen liegenden Grundstückes! Rechne im Heft!

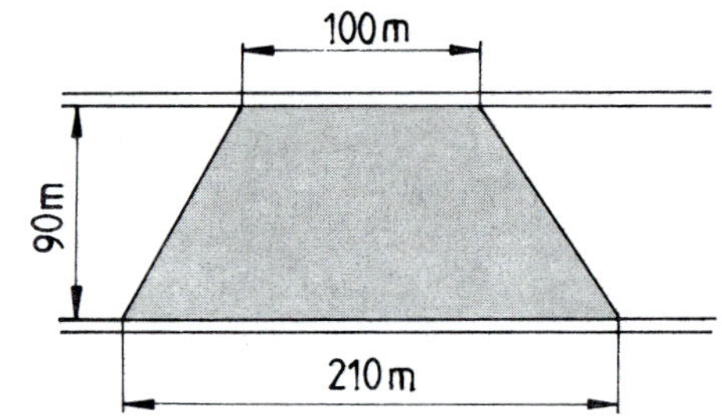

Umkehraufgaben:

B 972 Bei einem Trapez sind folgende Größen gegeben. Berechne die jeweils fehlende Größe durch Umformen der Flächeninhaltsformel! Rechne im Heft!

a) A, a, c b) A, a, h c) A, c, h

B 973 Aus einem rechteckigen Blatt (28 cm x 20 cm) soll durch Abschneiden zweier Dreiecke (siehe Skizze!) ein gleichschenkeliges Trapez erhalten werden.
Gib die Längen der Parallelseiten c jener Trapeze an, deren Flächeninhalte ganzzahlige Vielfache eines Quadratdezimeters sind.
Beachte: Der Flächeninhalt des gesuchten Trapezes liegt zwischen dem des gegebenen Rechtecks und dem des gleichschenkeligen Dreiecks mit der Seite a und der Höhe h!

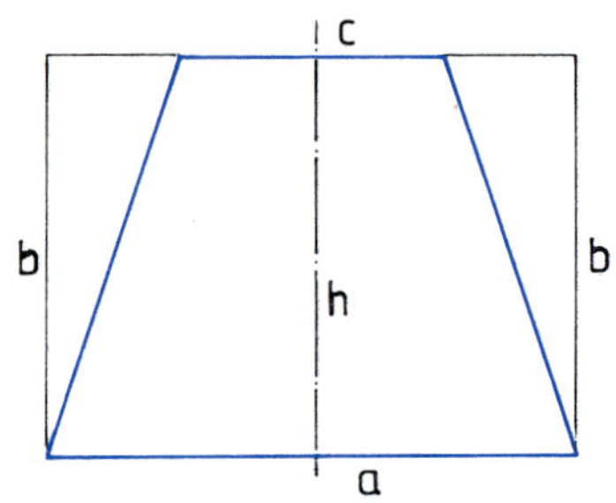

Übungen:

974 Berechne für die angegebenen Größen eines Trapezes den Flächeninhalt!

a) a = 23 cm, c = 17 cm, h = 5 cm
b) a = 4,5 m, c = 2,3 m, h = 5,1 m
c) a = 0,3 m, c = 95 mm, h = 6,4 cm
d) a = 0,14 m, c = 6,7 cm, h = 0,3 dm

975 Berechne den Flächeninhalt des dargestellten Trapezes! Miß die dazu notwendigen Größen ab!

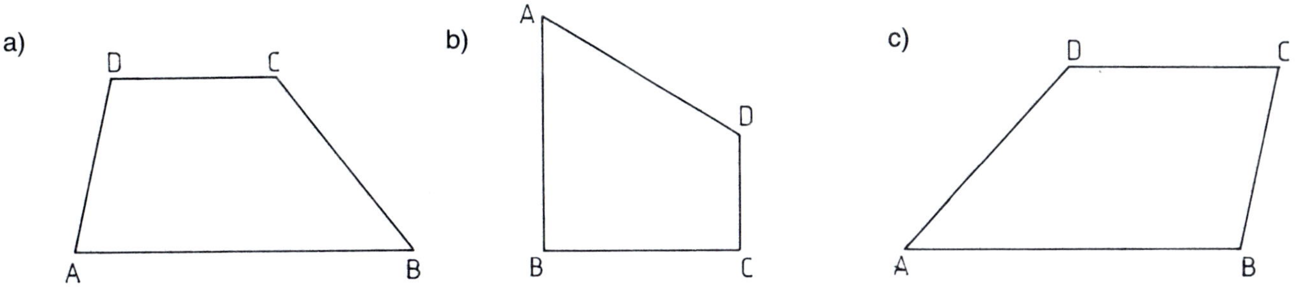

976 Auf einem trapezförmigen Grundstück (a = 35 m; c = 17 m; h = 24 m) wird ein neuer Rasen angelegt. Berechne, wieviel kg Rasensamen man benötigt, wenn der Saatgutaufwand 3 kg/100 m² beträgt.

977 Aus einer 1,5 m langen und 1,1 m breiten Spanplatte wird ein Trapez (a = 1,5 m; c = 0,9 m; h = 1,1 m) ausgeschnitten.
a) Berechne den Flächeninhalt des Trapezes!
b) Wie groß ist der Verschnitt in %?

978 Berechne den Flächeninhalt dieses Profiles! Maße in mm!

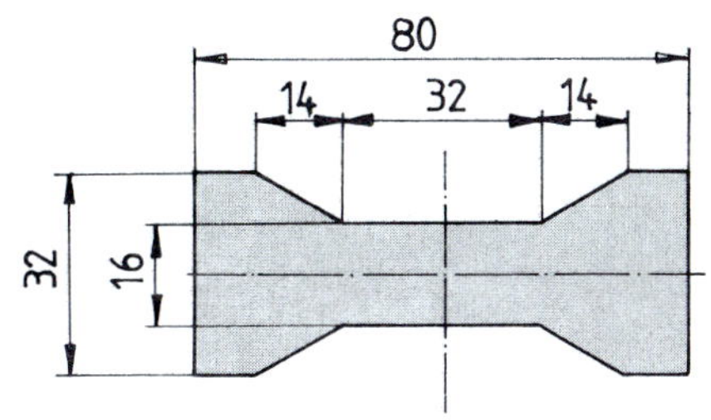

979 Der Zwischenraum dieses Holzfachwerkes soll mit Ziegeln zugemauert werden. Gib an, wie viele Ziegel man dazu ungefähr benötigt!
Maße eines Ziegels:
Länge: 30 cm, Höhe: 8 cm (Breite: 15 cm)

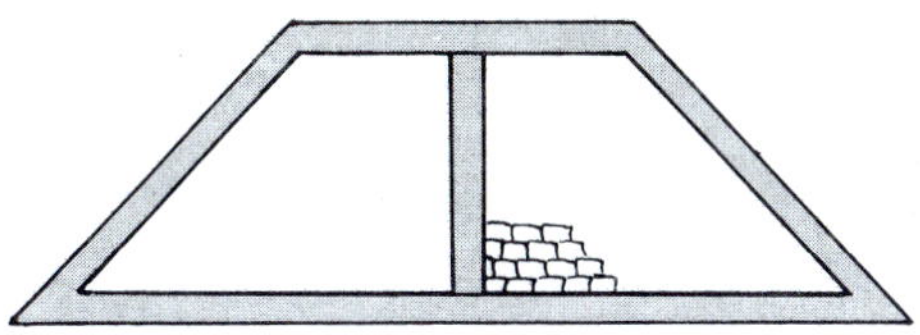

M 1 : 100

980 Wie viele Ziegel benötigt man ungefähr zum Decken des aufgezeichneten Walmdaches, wenn für einen Quadratmeter 20 Ziegel gerechnet werden?

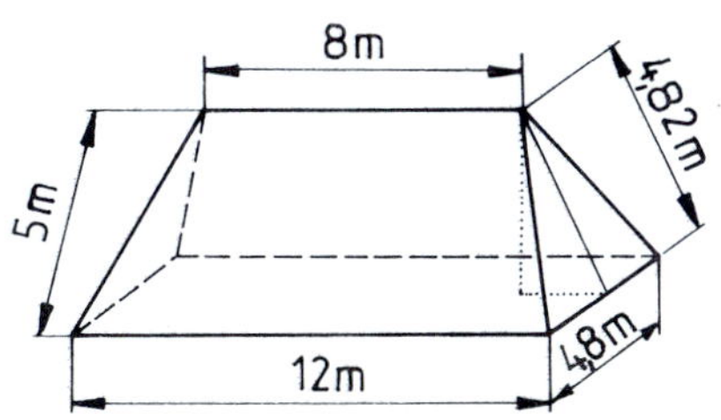

981 Berechne die jeweils fehlende Größe des Trapezes!

	a)	b)	c)
A	50 cm²	3,2 m²	2,8 dm²
a	12 cm		36 cm
c	8 cm	1,5 m	
h		1,8 m	1,2 dm

982 Konstruiere ein gleichschenkeliges Trapez!
Berechne zuerst die für die Konstruktion notwendige Größe!

a) $A = 15\ cm^2$, $a = 6\ cm$, $c = 4\ cm$ b) $A = 22\ cm^2$, $a = 72\ mm$, $h = 40\ mm$

983 Welche Querschnittsfläche hat die nebenstehend abgebildete Wasserrinne mit trapezförmiger Gestalt?

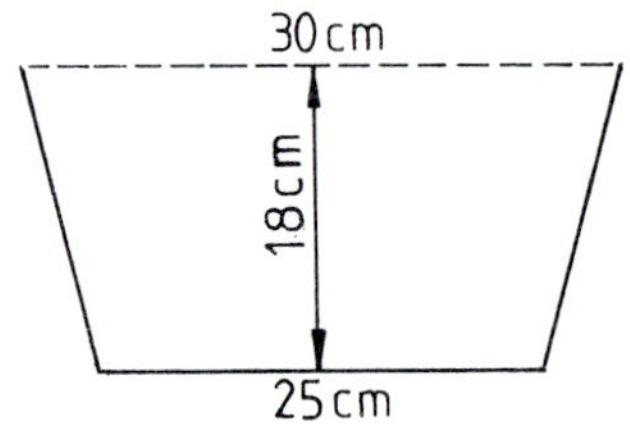

984 Der Querschnitt eines Bahndammes ist ein gleichschenkeliges Trapez. (Siehe Abbildung.) Wähle für die Darstellung der Querschnittsfläche einen geeigneten Maßstab! (Verwende dazu die 3 angegebenen Größen.) Berechne sodann den Inhalt der Querschnittsfläche, indem du zur Berechnung erforderliche Größen der Zeichnung entnimmst!

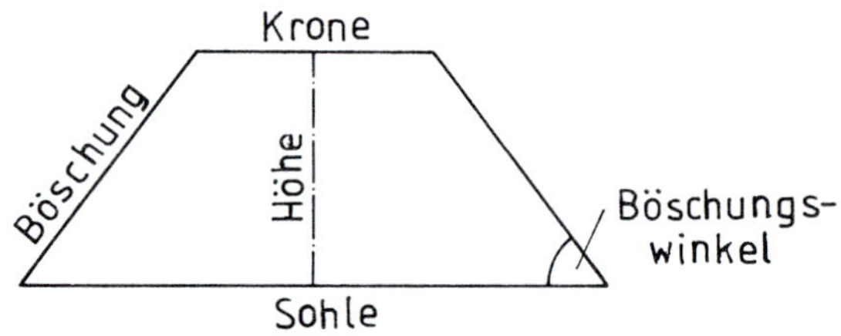

	Kronenbreite	Sohlenbreite	Böschungslänge	Böschungswinkel	Höhe
a)	5m			30°	3 m
b)	4,6 m	12 m	5,5 m		
c)	3,5 m	9,5 m		35°	

985 Vom dreieckigen Grundstück des Weinzierl-Bauern wird parallel zum unteren Rand ein 10 m breiter Streifen für den Bau einer Straße abgetrennt.
Wieviel Schilling erhält der Landwirt als Grundablöse, wenn der Quadratmeterpreis 115 S beträgt?
Fertige eine maßstäbliche Zeichnung an (M 1 : 1 000) und überlege, welche Größe zur Flächenbestimmung abgemessen werden muß!

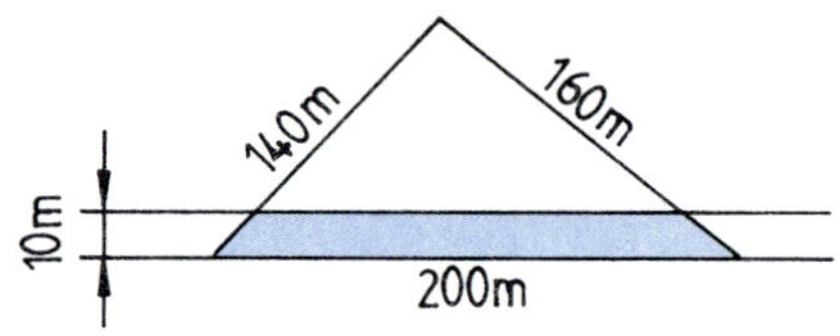

986 Das dargestellte Dreieck ABC mit der Grundlinie g und der Höhe h wird durch eine in halber Höhe gelegten Parallele ED in zwei Teile geteilt.

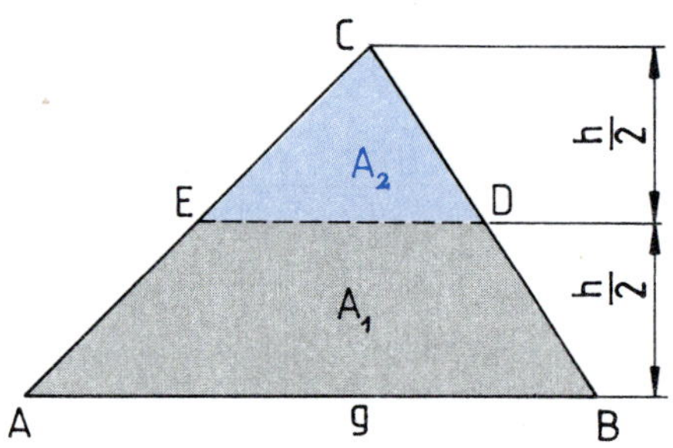

a) Zeige aufgrund der Ähnlichkeit, daß $\overline{ED} = \frac{g}{2}$.
b) Drücke den Flächeninhalt der beiden Teilfiguren mit Hilfe der Variablen g und h aus.
c) In welchem Verhältnis stehen die beiden unter b) berechneten Flächeninhalte?
Kannst du auch geometrisch mit Hilfe der zentrischen Streckung begründen?

987 Durch einen Schnitt parallel zur Grundlinie wird von einem Dreieck die Spitze abgetrennt. Übrig bleibt ein Trapez mit den Maßen a = 24 cm, c = 10 cm und h = 21 cm.
Welche Höhe hat das Dreieck? Verwende dazu die Ähnlichkeit von Dreiecken!
Gib auch den Flächeninhalt beider Figuren an!
Wieviel Prozent der Dreiecksfläche gehen durch die Abtrennung verloren?

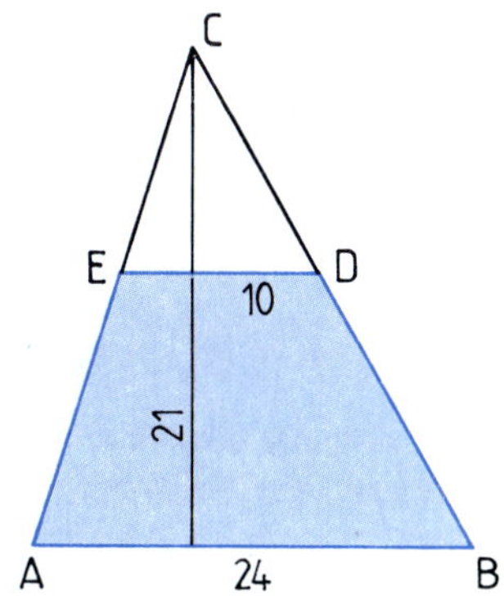

988 Hier sind noch weitere Möglichkeiten zur Berechnung des Flächeninhalts eines Trapezes angegeben; leite aus der jeweils angegebenen Überlegung die Flächenformel her!

a)

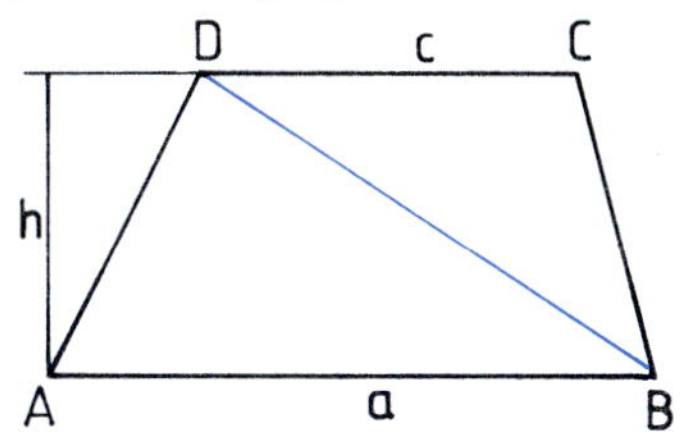

Zusammenfügen beider Dreiecksflächen ergibt die Trapezfläche.

b)

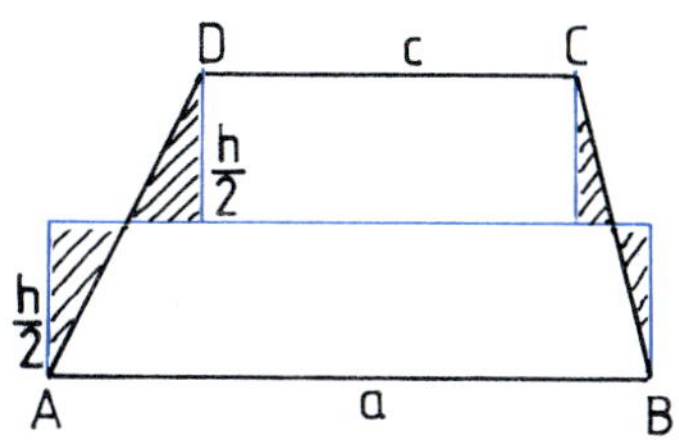

Zusammenfügen zweier Rechtecksflächen ergibt die Trapezfläche.
Warum sind die schraffierten linken bzw. rechten Dreiecksflächen kongruent?

c)

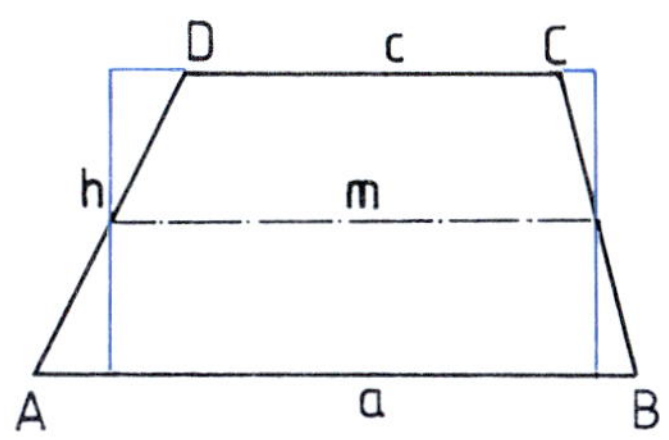

Das Trapez und das eingezeichnete Rechteck sind inhaltsgleich. (Warum?)
Berechne vorerst die Länge der Mittellinie m!

d)

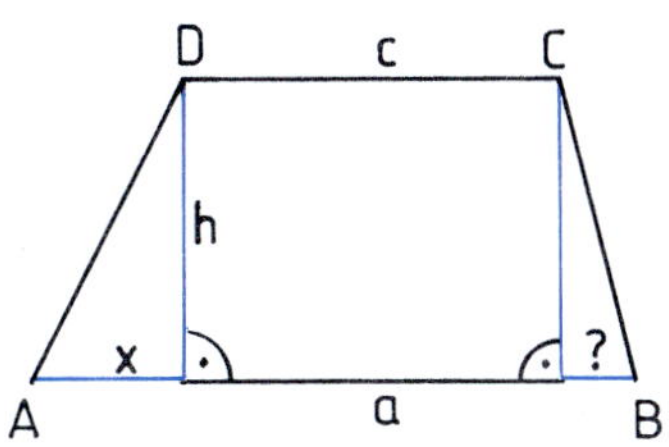

Zusammenfügen zweier rechtwinkeliger Dreiecke und eines Rechtecks ergibt das Trapez.
Die Variable x dient nur als Hilfsvariable, sie fällt im Laufe der Termumformungen wieder weg!

9.5 Flächeninhalt von Vierecken, deren Diagonalen aufeinander normal stehen

B 989

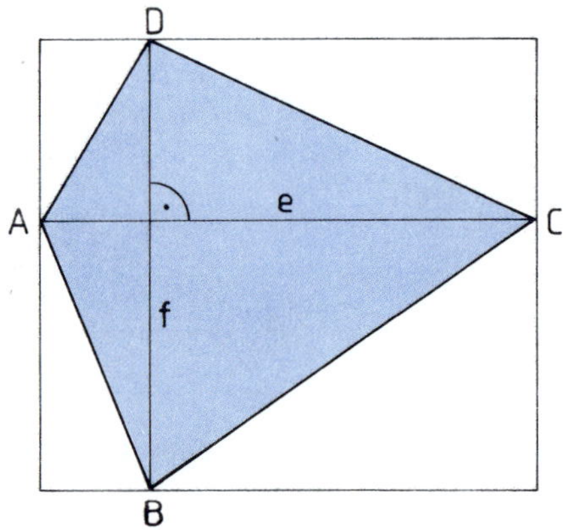

Hier ist ein Viereck ABCD mit aufeinander normal stehenden Diagonalen gezeichnet. Wir umschreiben diesem Viereck ein Rechteck, dessen Seiten parallel zu den Diagonalen sind.

a) Wie groß ist der Flächeninhalt des Rechteckes im Vergleich zum Viereck? Warum?

____

Der Flächeninhalt des Viereckes läßt sich daher mit $A = \frac{e \cdot f}{2}$ berechnen.

b) Sonderfälle von Vierecken mit aufeinander normal stehenden Diagonalen sind:

Deltoid

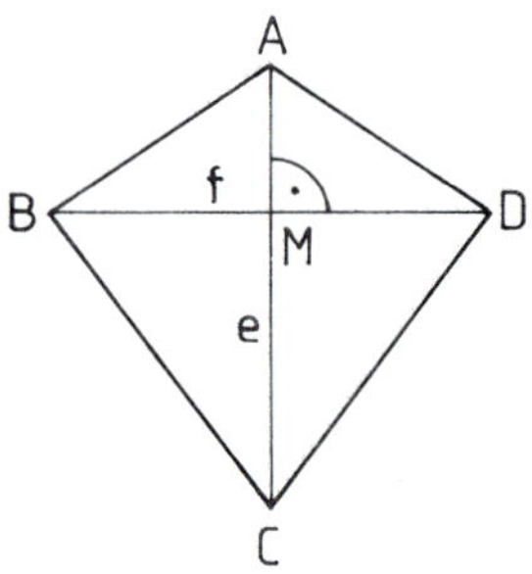

Raute

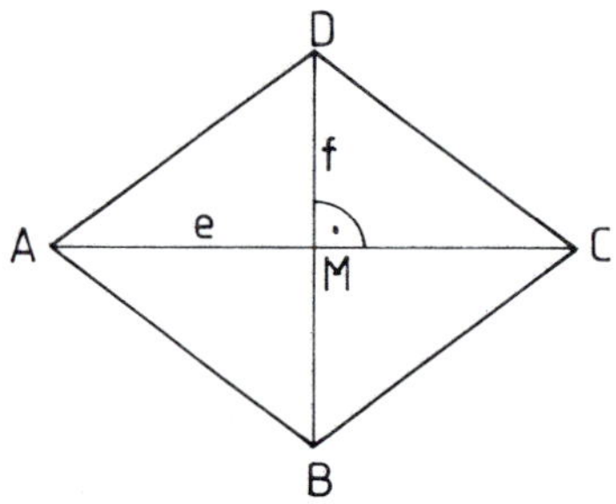

Quadrat

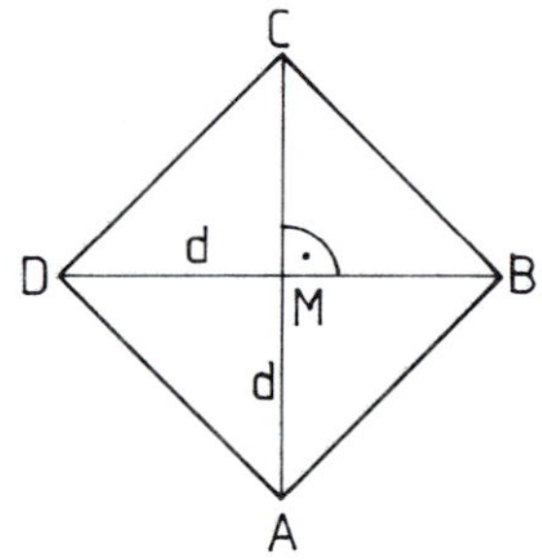

A = ____________ A = ____________ A = ____________

Umschreibe diesen Flächen ein Rechteck und überlege, warum dieses den doppelten Flächeninhalt besitzt. Gib darunter die Formeln für den Flächeninhalt an!

> Flächeninhalt eines Vierecks mit aufeinander normal stehenden Diagonalen e und f:
> $A = \frac{e \cdot f}{2}$
>
> Quadrat (gleich lange Diagonalen d):
> $A = \frac{d^2}{2}$

Übungen:

990 Markus und Lisa basteln einen Drachen. Die Stäbe sind 64 cm und 40 cm lang.
Sie fügen die beiden Stäbe verschieden aneinander. Nun streiten sie, wer den größeren Drachen hat.
Kannst du den Streit schlichten?

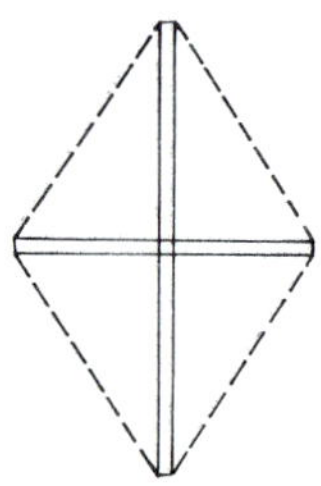

Lisas Drachen

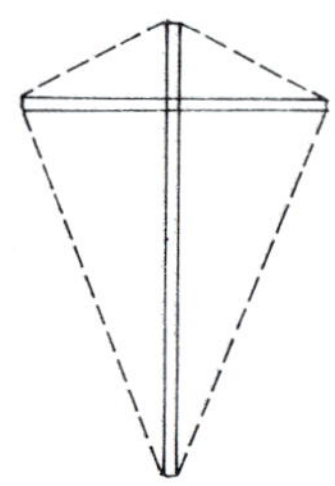

Markus' Drachen

991 Die Formel für den Flächeninhalt der Raute läßt sich verschieden herleiten.
Ordne die Formeln den Bildern zu!

$A = \frac{e \cdot f}{2}$	$A = \frac{e}{2} \cdot f$	$A = e \cdot \frac{f}{2}$

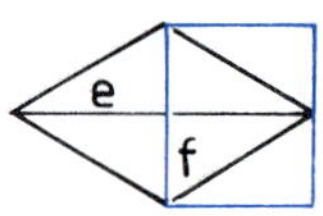

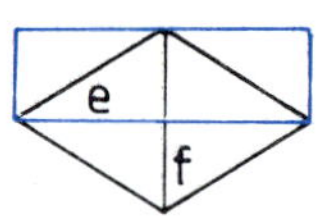

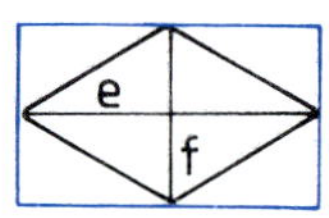

992 a) Berechne den Flächeninhalt des Deltoids!

1) e = 3,4 dm, f = 2,2 dm 2) $e = 3\frac{1}{2}$ m, f = 26 dm

b) Berechne den Flächeninhalt der Raute!

1) e = 17 cm, f = 5,8 cm 2) $e = \frac{3}{4}$ m, f = 0,42 m

c) Berechne den Flächeninhalt des Quadrates!

1) d = 5,4 cm 2) $d = 1\frac{1}{2}$ m

993 Vier gleich lange Stäbe sind an den Enden beweglich miteinander verbunden.
Unter welchem der drei Winkel α = 60°, 45° oder 30° schließen die Stäbe die Hälfte des Flächeninhaltes der Quadratfläche ein? Zeichne die Rauten (s = 4 cm) und miß die zur Berechnung notwendigen Größen ab!

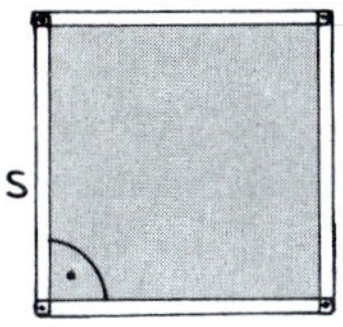

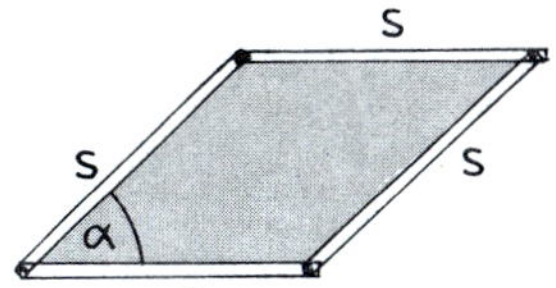

994 Bei einer Raute sind der Flächeninhalt und die Länge einer Diagonale gegeben. Berechne die Länge der zweiten Diagonale!

a) A = 37,44 cm², e = 7,2 cm b) A = 22,75 cm², f = 3,5 cm c) A = 27 cm², f = 45 mm

995 Der Flächeninhalt eines Deltoids beträgt A = 18 cm² und die Länge der Diagonale e = 72 mm.
Zeichne dieses Deltoid, wenn:

a) $\overline{MA} : \overline{MC} = 1 : 2$ b) $\overline{MA} : \overline{MC} = 1 : 3$ c) $\overline{MA} : \overline{MB} = 5 : 7$

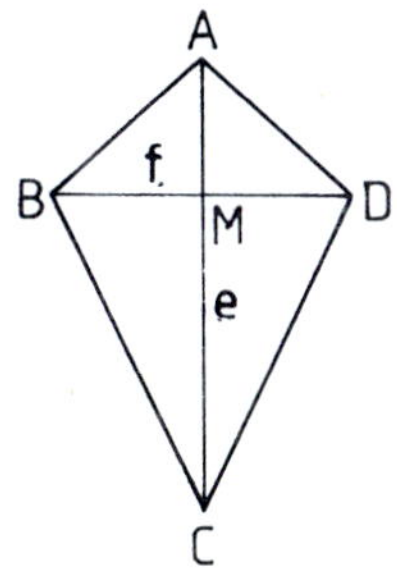

996

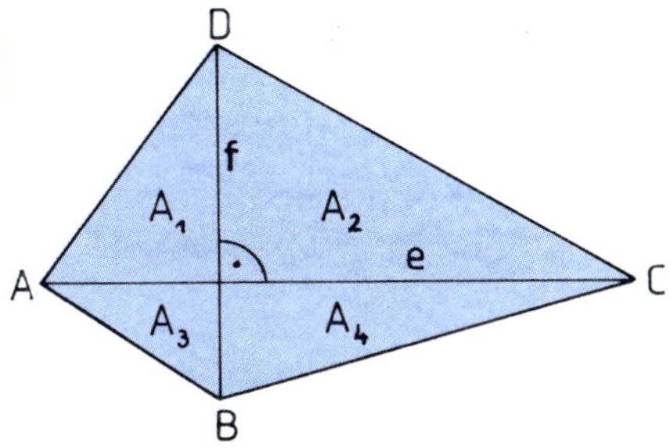

Leite die Formel $A = \frac{e \cdot f}{2}$ durch Zusammensetzung der Fläche aus vier rechtwinkeligen Dreiecken her!
Bezeichne die Diagonalenabschnitte von e mit x und e − x und von f mit y und f − y!

$A = A_1 + A_2 + A_3 + A_4 = \ldots$

ZUSAMMENFASSUNG

Formeln für den Flächeninhalt von Vierecken

Rechteck:		$A = a \cdot b$	Quadrat:	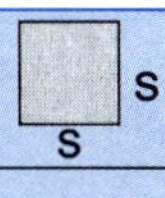	$A = s \cdot s = s^2$
Dreieck:	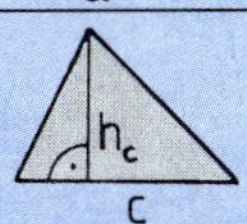	$A = \frac{c \cdot h_c}{2}$	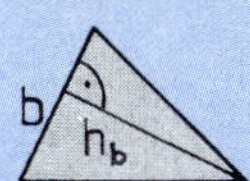 $A = \frac{b \cdot h_b}{2}$	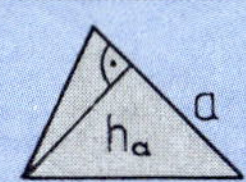	$A = \frac{a \cdot h_a}{2}$
Parallelogramm:	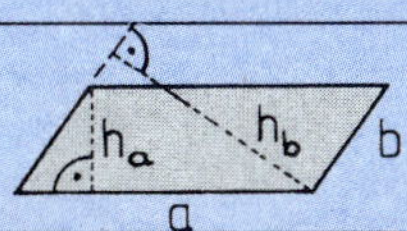	$A = a \cdot h_a = b \cdot h_b$			
Trapez:	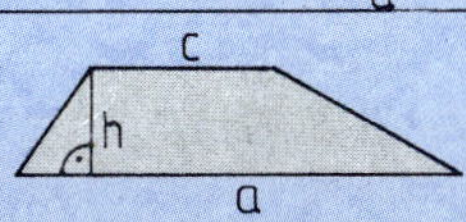	$A = \frac{a + c}{2} \cdot h$			
Vierecke mit aufeinander normal stehenden Diagonalen, wie z. B. Raute und Deltoid:	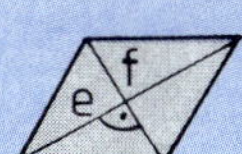	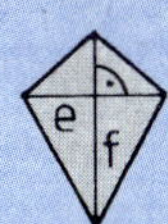			$A = \frac{e \cdot f}{2}$

9.6 Der Flächeninhalt von beliebigen Vielecken

B 997 Ein beliebiges Vieleck läßt sich immer in Teildreiecke zerlegen.
Der Flächeninhalt des Vielecks ist dann die Summe der Flächeninhalte der einzelnen Teildreiecke.

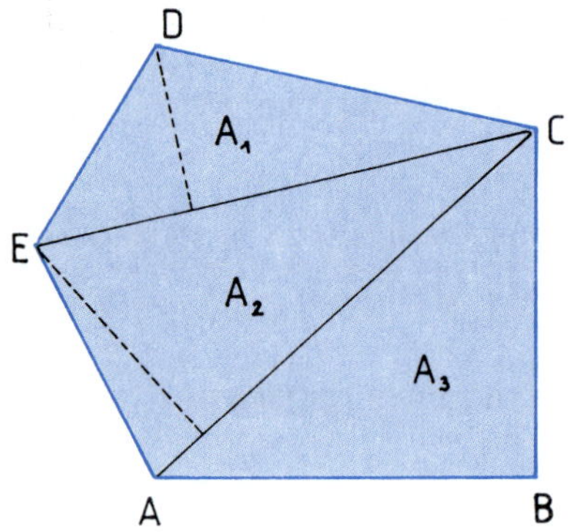

Miß Seiten und dazugehörige Höhen der einzelnen Teildreiecke ab und berechne den Flächeninhalt!

A_1 = ______________________

A_2 = ______________________

A_3 = ______________________

$A = A_1 + A_2 + A_3$ = ______________

A = __________

In wie viele Teildreiecke läßt sich ein n-Eck zerlegen? Begründe!

B 998 Die Eckpunkte dieses Grundstücksplanes im Maßstab 1 : 1 000 sind im Koordinatensystem gegeben. Berechne seinen Flächeninhalt!

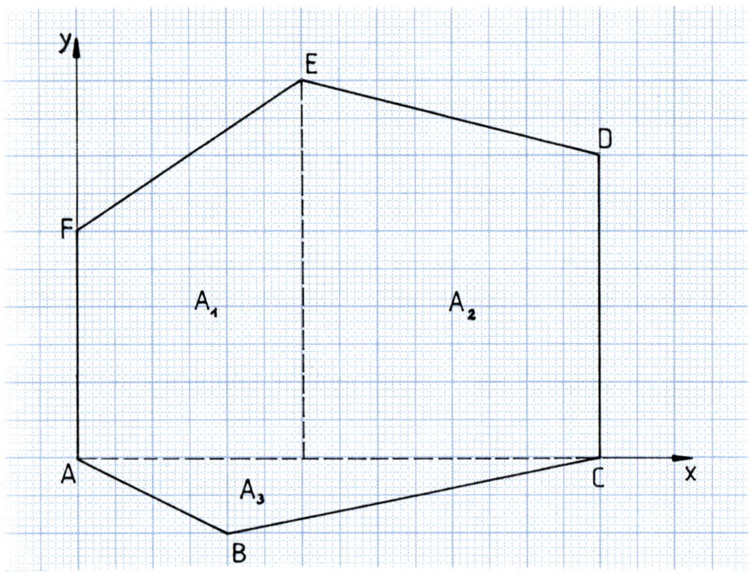

a) Rechne in wirklichen Maßen!
Überlege:
1 cm im Plan ≙ ______ in Wirklichkeit

b) Berechne zuerst den Flächeninhalt am Plan und rechne dann in die Wirklichkeit um!
Bedenke: M 1 : 1 000

Dann ergeben sich die wirklichen Längen durch Multiplikation mit ______________, die wirklichen Flächeninhalte durch Multiplikation mit ______________ .

Übungen:

999 Berechne den Flächeninhalt der Vielecke durch Zerlegen in Teildreiecke!

a)

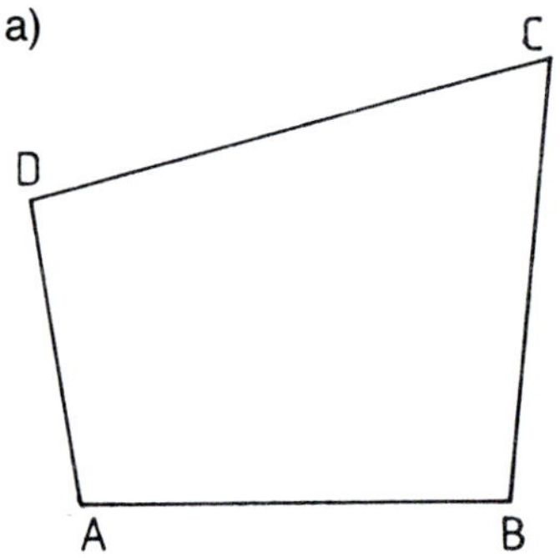

b)

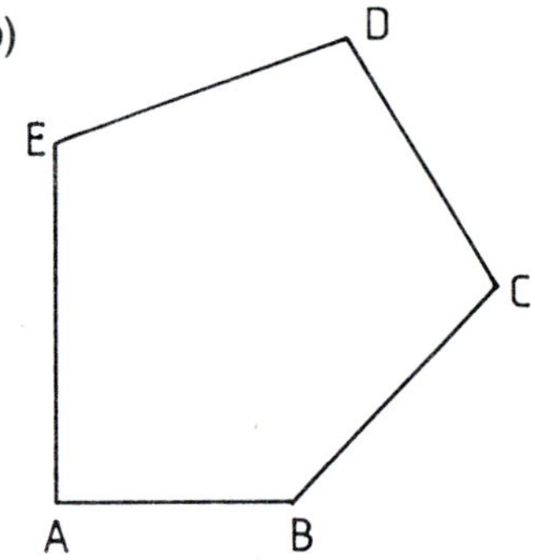

c)

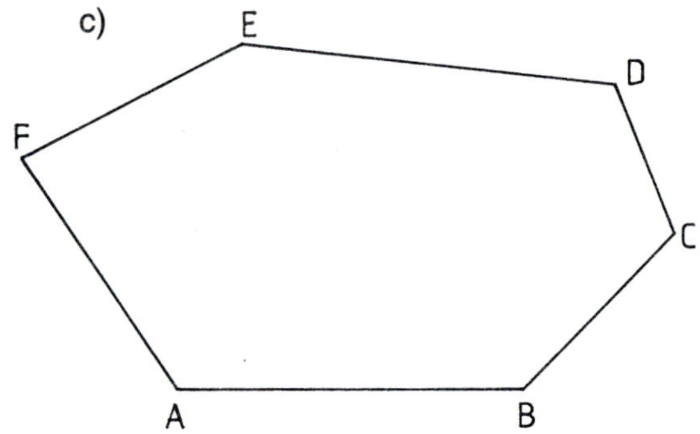

1000 Bestimme den Flächeninhalt des maßstäblich dargestellten Grundstückes!

a)

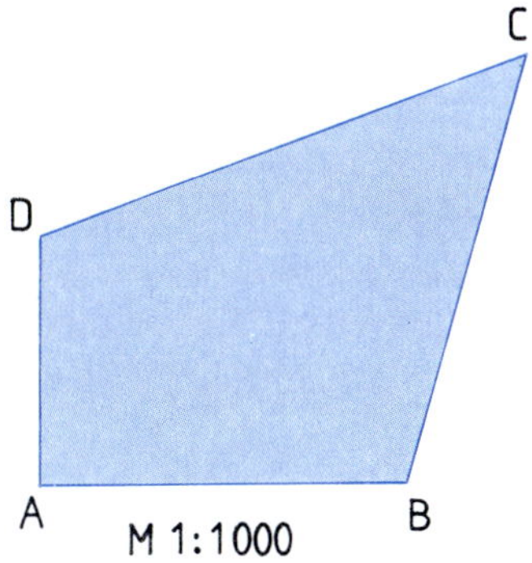

b)

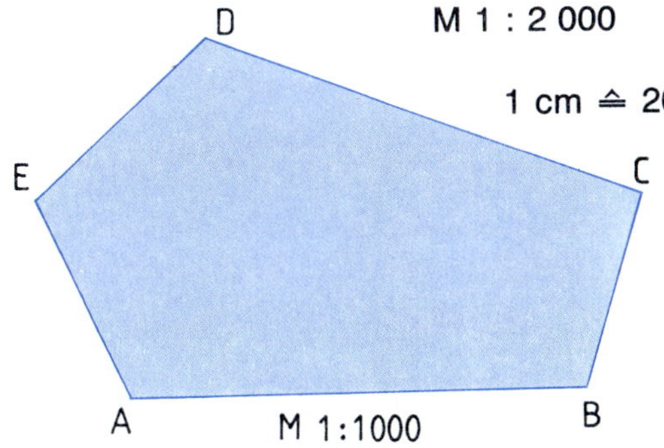

1001 Der Plan eines Grundstückes im Maßstab M 1 : 1 000 ist durch seine Eckpunkte im Koordinatensystem gegeben. Einheit e = 1 cm.
Berechne den Flächenanteil des Grundstückes!

a) A (0/0), B (11/0), C (9/3), D (4/5), E (0/2)
b) A (0/0), B (4/ – 3), C (8/0), D (7/4), E (1/4)
c) A (0/0), B (4,8/0), C (7,3/2), D (5,3/5,5), E (1,5/6,4), F (0/5)
d) A (0/ – 1,8), B (10/0), C (10/1,2), D (8,8/3,5), E (5,7/3,8), F (0/0)

Zerlege möglichst günstig in Teilfiguren (Dreiecke, Trapeze, Rechtecke . . .)

1002

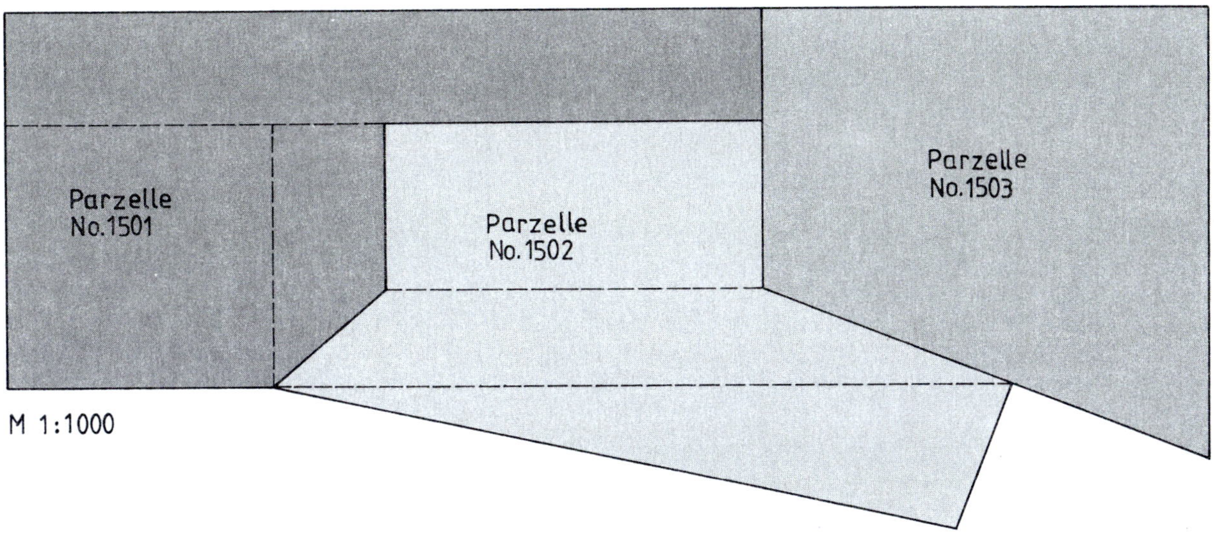

Du siehst hier den Plan von drei aneinander grenzenden Grundstücken im Maßstab M 1 : 1 000 dargestellt.

a) Vergleiche die Größe der drei Parzellen! Verwende zur Berechnung des Flächeninhaltes die eingezeichnete Unterteilung!
b) Grundstückspreise pro Quadratmeter:
Parzelle 1501: S 234.— Parzelle 1502: S 220.— Parzelle 1503: S 225.—
Vergleiche die Preise der drei Parzellen!
c) Wie hoch liegt der Quadratmeterpreis, wenn alle drei Parzellen gemeinsam verkauft werden?

1003 Gib den Flächeninhalt des Vierecks an!
Verwende dazu die durch Variablen gegebenen Koordinatenabschnitte!
Vereinfache die Formel durch Herausheben!

a)

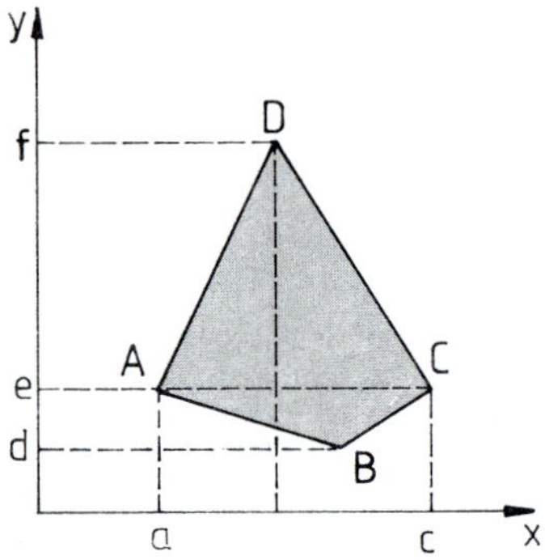

b)

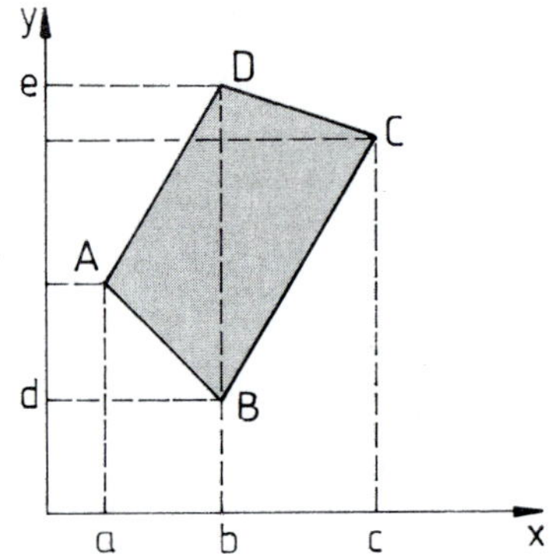

1004 Stelle eine Formel für den Flächeninhalt der dargestellten Fläche auf und bringe sie auf möglichst einfache Form!

a)

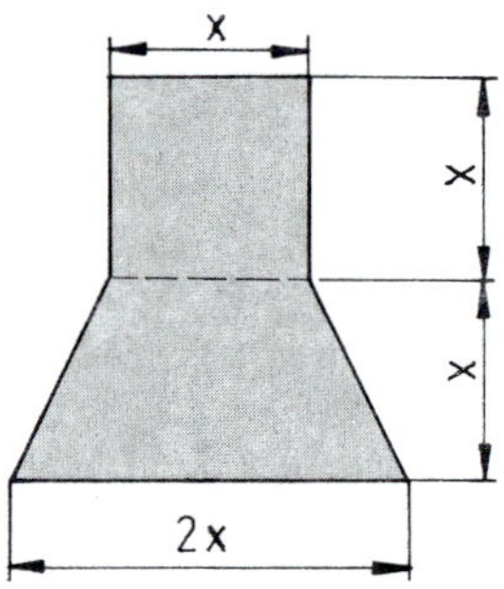

b)

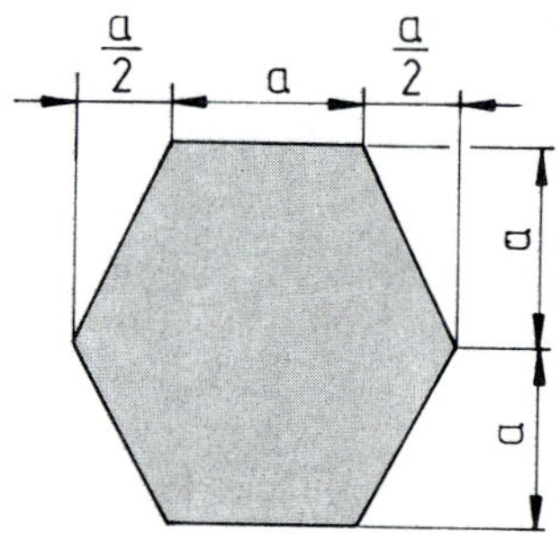

c)

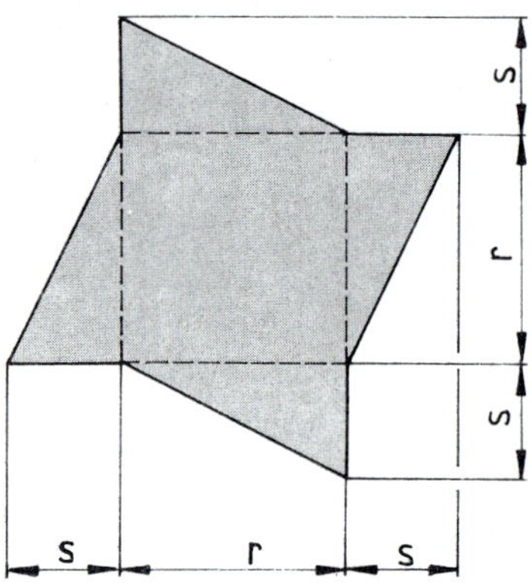

d)

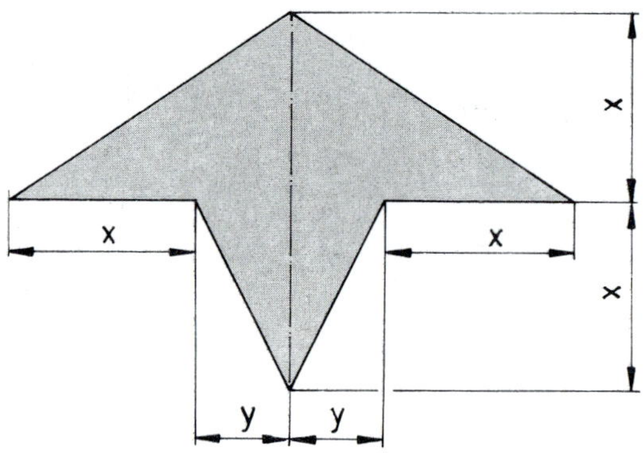

1005 Zeichne auf ein Blatt Papier ein Quadrat mit einer Seitenlänge s = 6 cm.
Zerschneide dieses Quadrat entlang der Diagonalen, sodaß vier gleichschenkelige Dreiecke entstehen!

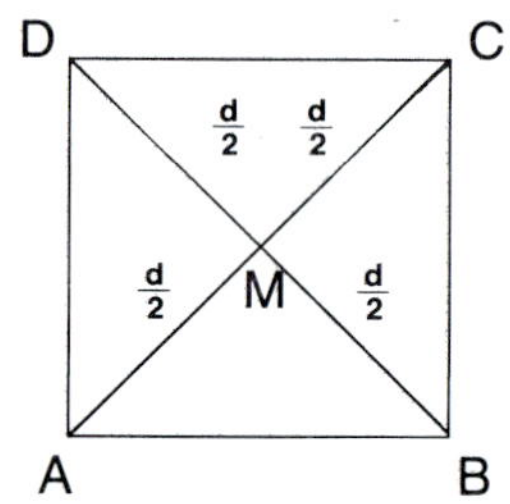

Versuche nun, diese Dreiecke so zu legen, daß a) ein Rechteck, b) ein Parallelogramm, c) ein Trapez entsteht.
Zeichne diese Figuren in dein Heft.

d) Stelle für das Rechteck, das Parallelogramm und das Trapez Formeln für den Flächeninhalt auf (Variable d) und überlege, daß sich dafür stets $A = \frac{d^2}{2}$ ergibt!

1006 Für den Flächeninhalt der nachstehenden Figur sind 3 verschiedene Formeln angegeben.

a) Überlege durch Zerlegen in Teilflächen, wie man zu den einzelnen Formeln kommt!
b) Zeige durch Umformen, daß alle drei Terme gleichwertig sind!

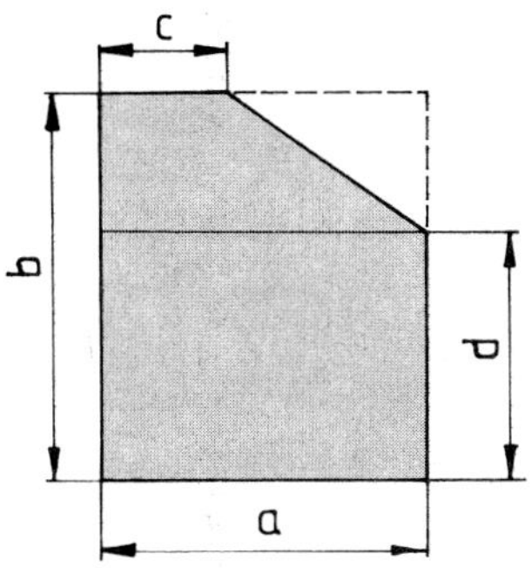

$$A = a \cdot b - \frac{(a - c) \cdot (b - d)}{2}$$

$$A = a \cdot d + \frac{(a + c) \cdot (b - d)}{2}$$

$$A = c \cdot b + \frac{(b + d) \cdot (a - c)}{2}$$

1007 Dieses Bild zeigt die Grenzen Österreichs im Maßstab M 1 : 5 000 000 (1 cm ≙ 50 km).
Schätze die Größe Österreichs ab, indem du den Flächeninhalt des Vieleckes, das die Form der Grenzen annähert, berechnest!

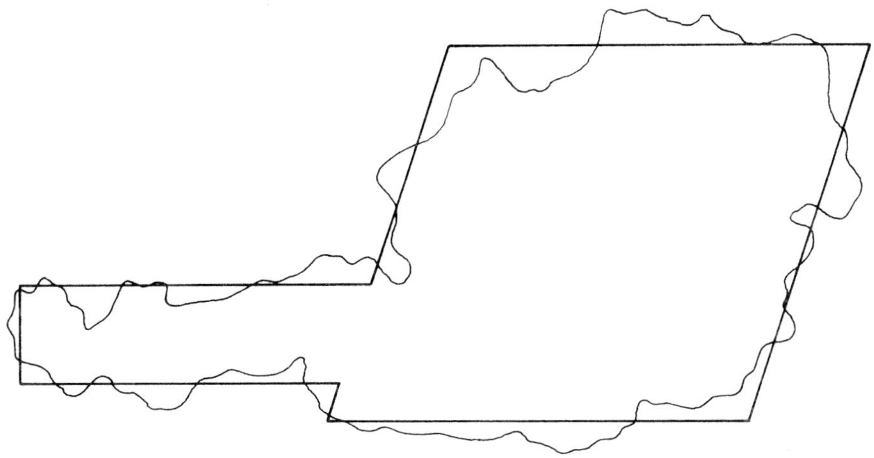

1008 Welche Nachbarstaaten Österreichs sind hier ebenfalls im Maßstab 1 : 5 000 000 dargestellt?
Nähere ihre Grenzen durch ein Vieleck an und schätze so ihre Größe ab!

a)

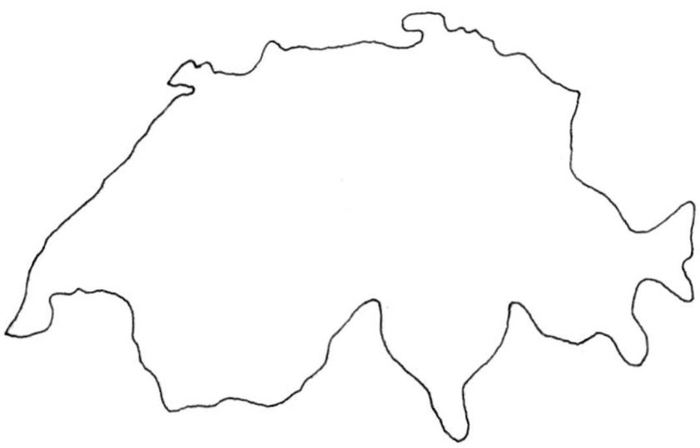

b)

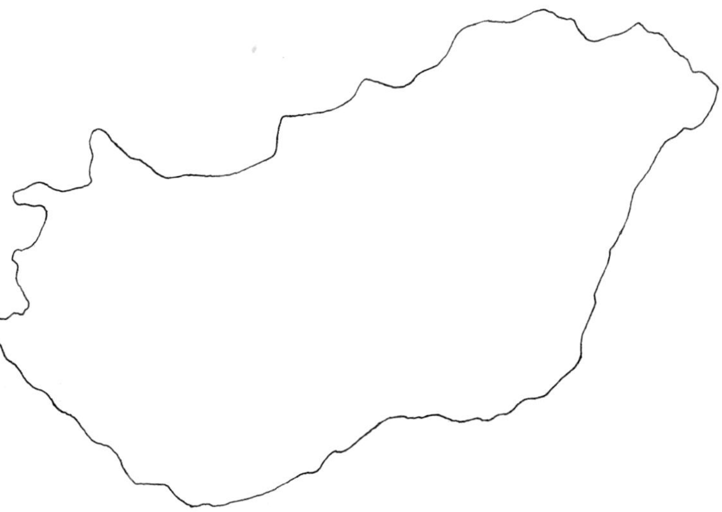

10 Statistik

10.1 Kennzahlen und Darstellungsformen

B 1009

Die „Schulstatistik“ einer Schule:

Schulstufe	5.	6.	7.	8.
Anzahl der Schüler	53	65	63	72

Graphische Darstellungen solcher Daten ermöglichen oft eine bessere Übersicht und schnellere Verständlichkeit. Vervollständige die Darstellungen!

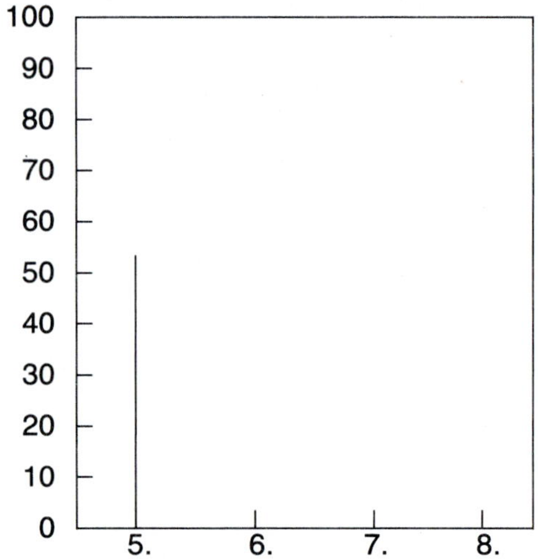

Strichdiagramm

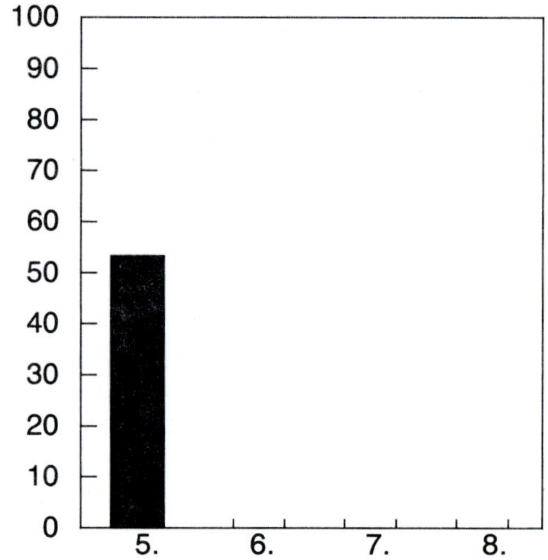

Streifendiagramm

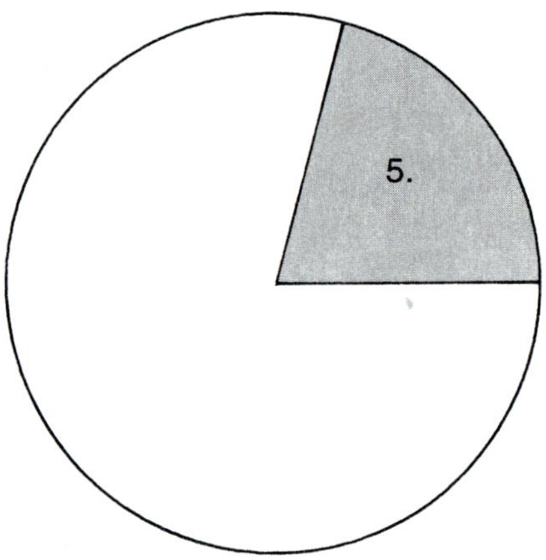

Kreisdiagramm

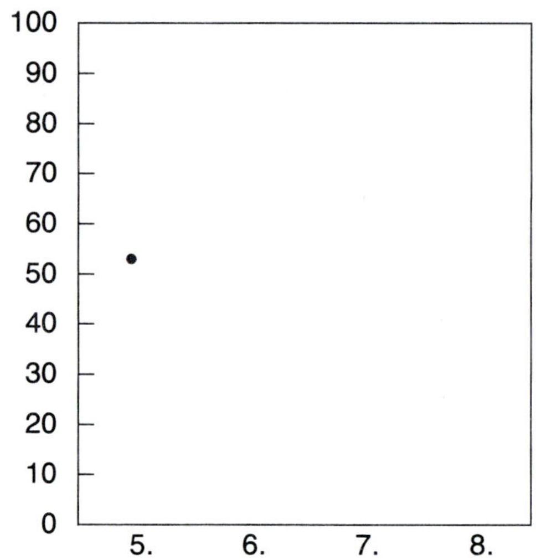

Punktdiagramm

B 1010 Wir können Diagramme in ihrem Aussehen verändern, indem wir den Maßstab auf den Achsen ändern oder den Nullpunkt verschieben.
Hier siehst du zwei Streifendiagramme der Schulstatistik des vorhergehenden Beispiels.

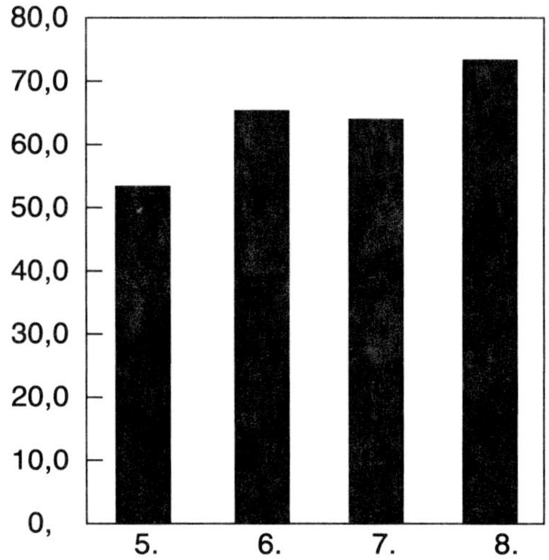

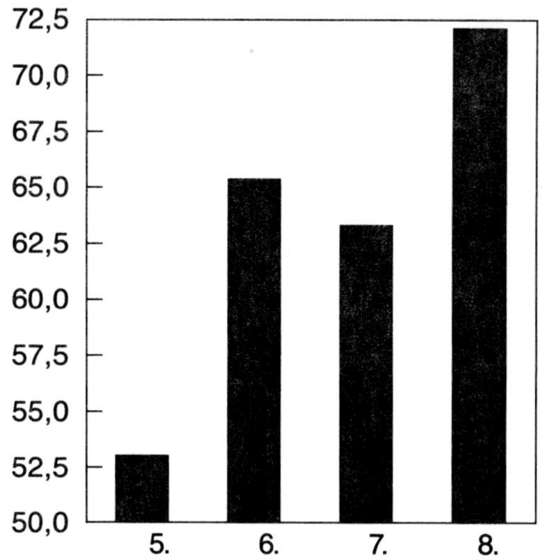

Der Bürgermeister des Ortes möchte für einen Schulneubau argumentieren. Der Finanzreferent des Landes möchte wegen der sinkenden Schülerzahlen von der 8. zur 5. Schulstufe gegen einen Schulneubau argumentieren.
Welche der beiden Graphiken wird der Bürgermeister zur Unterstützung seiner Wünsche wählen?
Welche der Finanzreferent zur Unterstützung seiner Bedenken?

B 1011 Zehn Schüler werden nach ihrem monatlichen Taschengeld befragt. Sie geben folgende Beträge in S an (der Größe nach geordnet): 25, 30, 30, 40, 40, 50, 50, 60, 75, 80.
Berechne den Mittelwert (arithmetisches Mittel).

Mittelwert = ____________

Es kommt nun noch ein 11. Schüler dazu, dessen monatliches Taschengeld 400 S beträgt.

Neuer Mittelwert: 880 : 11 = 80

Der in diesem Beispiel sicherlich „aus dem normalen Rahmen" fallende Taschengeldbetrag von 400 S (man nennt so etwas einen *statistischen Ausreißer*) bewirkt, daß der Mittelwert nicht mehr „in der Mitte" liegt.
Der Satz: „Die Schüler erhalten im Mittel 80 S Taschengeld" würde den tatsächlichen Sachverhalt schlecht beschreiben, denn 9 der 11 Schüler erhalten weniger Taschengeld als dem Mittelwert entspricht, nur ein Schüler erhält mehr.

In solchen Fällen kann man auch den **Zentralwert** (Median) zur Beschreibung eines mittleren Wertes verwenden:

25 30 30 40 40 50 50 60 75 80 400

50 → Zentralwert; 80 → Mittelwert

Der Zentralwert (Median) ist jener Wert, der genau in der Mitte aller Werte liegt, wenn man sie der Größe nach ordnet. Bei gerader Anzahl von Werten nimmt man das arithmetische Mittel der Nachbarwerte.	Etwas genauer formuliert: Der **Zentralwert** (Median) ist eine Zahl mit der Eigenschaft, daß höchstens die Hälfte der Werte kleiner und höchstens die Hälfte der Werte größer als diese Zahl ist.

B 1012

Bestimme jeweils a) das arithmetische Mittel, b) den Zentralwert:

										Mittelwert	Zentralwert
35	40	40	50	60	70	75	80	80	100		
35	40	40	50	60	70	75	80	80	600		

c) Wie ändert sich das arithmetische Mittel bzw. der Zentralwert, wenn der Wert 600 auf 800 geändert wird?

B 1013

An einem Test nahmen 50 Personen teil. Es konnten 0 bis 10 Punkte erreicht werden.

Punkte	0	1	2	3	4	5	6	7	8	9	10
Absolute Häufigkeit	0	0	1	2	2	3	8	12	11	8	3

Wir wollen das arithmetische Mittel der erreichten Punkte berechnen.

1. Methode:
[2 + (3 + 3) + (4 + 4) + (5 + 5 + 5) + (6 + ... + 6) + (7 + ... + 7) + (8 + ... + 8) + (9 + ... + 9) + (10 + 10 + 10)]:50 = ______

2. Methode:
[2 . 1 + 3 . 2 + 4 . 2 + 5 . 3 + 6 . 8 + 7 . 12 + 8 . 11 + 9 . 8 + 10 . 3] : 50 = ______

B 1014

Der Modus (häufigster Wert)

Wie lautet im vorhergehenden Beispiel die Punktezahl, die von den meisten Personen erreicht wurde? Auch diese Zahl sagt etwas über den Test bzw. über den Personenkreis aus.

Man nennt diesen Wert mit der größten Häufigkeit **Modus** (häufigster Wert).

Im vorhergehenden Beispiel gilt: Modus = ______

B 1015

Gewogenes (gewichtetes) arithmetisches Mittel

In einer vierklassigen Schule werden am Ende des Schuljahres die mittleren versäumten Stundenzahlen pro Klasse notiert:

Klasse	Schüleranzahl	mittlere Anzahl der versäumten Stunden
1	16	12
2	24	22
3	18	9
4	28	49

Der Direktor der Schule interessiert sich nun für die mittlere Anzahl der versäumten Stunden pro Klasse. Man könnte nun so rechnen:

$(12 + 22 + 9 + 49) : 4 =$ ________

Ist das die Lösung?

Bei der Berechnung dieses Wertes haben wir alle vier Zahlen als „gleichberechtigt" angenommen. Tatsächlich tritt jedoch die Anzahl 49 in einer Klasse mit vielen Schülern auf, die Anzahl 12 jedoch in einer Klasse mit wenig Schülern. Die Anzahl 49 muß also bei der Berechnung des Mittelwertes stärker berücksichtigt werden als die Anzahl 12.

Wir wollen nun die mittlere Anzahl der versäumten Stunden pro Klasse anders berechnen. Dabei gehen wir von folgender Überlegung aus:

Wenn in der 1. Klasse mit 16 Schülern die mittlere Anzahl der versäumten Stunden 12 beträgt, kann man für die Berechnung der Gesamtfehlstundenanzahl annehmen, daß jeder Schüler 12 Stunden gefehlt hat.

Ergänze die Tabelle:

Klasse	Gesamtfehlstundenanzahl
1	16 . 12 = ________
2	24 . 22 = ________
3	18 . 9 = ________
4	28 . 49 = ________
Insgesamt	________

Um die mittlere Fehlstundenanzahl der Schule zu erhalten, müssen wir nun noch durch die Anzahl der Schüler dieser Schule dividieren:

________________ : ____________ = ____________

Du siehst, daß der auf diese Weise errechnete Mittelwert größer ist als der oben berechnete. Gib eine Begründung dafür an! Ist dies immer so?

ZUSAMMENFASSUNG
Wir haben aus den Mittelwerten der einzelnen Klassen einen Mittelwert der gesamten Schule berechnet, indem wir jeden Mittelwert der einzelnen Klassen mit der Anzahl der Schüler dieser Klassen multipliziert (gewichtet) und die Summe aller dieser Produkte durch die Summe aller Schüler dividiert haben.

$(16 \,.\, 12 + 24 \,.\, 22 + 18 \,.\, 9 + 28 \,.\, 49) : (16 + 24 + 18 + 28)$

Die auf diese Weise erhaltene Zahl nennt man **gewogenes (gewichtetes) Mittel.**
Die Zahlen 16, 24, 18, 28 heißen **Gewichte.**

> Ein **gewogenes (gewichtetes) arithmetisches Mittel** erhält man dadurch, daß man die Werte gewichtet (mit einer Zahl multipliziert) und die Summe der gewichteten Werte durch die Summe der Gewichte dividiert.

B 1016

Max ist 1,56 m groß und Nichtschwimmer. Er will in einem See baden, dessen durchschnittliche Wassertiefe (arithmetisches Mittel aus den Meßwerten an 20 verschiedenen Stellen des Sees) 1,20 m beträgt. Soll er hineinspringen?

Die Eltern seines Freundes wollen mit einem Segelboot auf diesem See segeln. Das Boot hat einen Tiefgang von 90 cm. Können sie unbesorgt segeln?

Du erkennst:
Mit der Kenntnis des Mittelwertes allein kann man diese Fragen nicht beantworten.
Man benötigt noch den **größten Wert (Maximalwert)** und den **kleinsten Wert (Minimalwert)**.
Den Unterschied zwischen Maximalwert und Minimalwert nennt man **Spannweite**.

B 1017

Betrachten wir noch einmal die Taschengeldbeträge des früheren Beispiels:

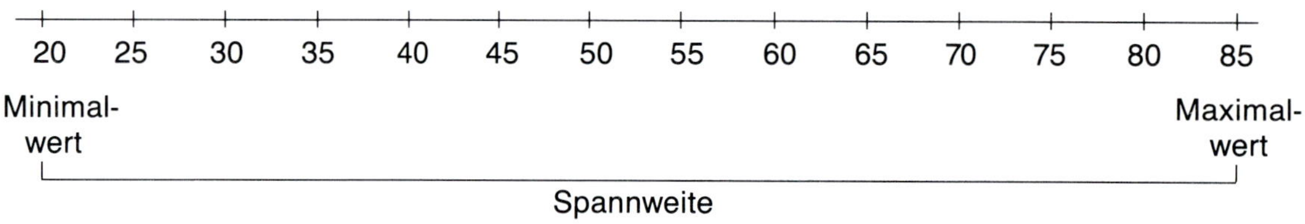

B 1018 Bestimme in deiner Klasse für die Körpergrößen in cm jeweils Maximalwert, Minimalwert, Spannweite, Mittelwert und Zentralwert:
a) bei den Mädchen, b) bei den Burschen.

a) Mädchen:

Maximalwert	Minimalwert	Spannweite	Mittelwert	Zentralwert

b) Burschen:

Maximalwert	Minimalwert	Spannweite	Mittelwert	Zentralwert

(Quelle: Methodik des MU in Stichwörtern und Beispielen)

Welche Strategie? Sollen wir den Gegner schocken durch den Maximalwert oder einlullen durch den Zentralwert?

B 1019 **Wer entwirrt die Summen?**
Auf die fünf Gewinner eines Spieles anläßlich einer Geburtstagsfeier werden zehn Preise verlost. Jeder Gewinner erhält zwei Preise.
Es werden die Zahlen von 1 bis 10 auf zehn Pappkärtchen geschrieben und in einen Topf geworfen. Die Gewinner werden aufgefordert, je zwei der zehn Kärtchen zu ziehen.
Bei der Aufzeichnung der Ergebnisse unterläuft allerdings ein Fehler. Als nämlich der eine Beauftragte die übernommenen Kärtchen ansieht und laut z. B. „6 und 8“ ruft, addiert der andere in seinem mathematischen Übereifer die beiden Zahlen und notiert nur die Summe 14.
Auf diese Weise steht nun statt der Nummern der Gewinne bei jedem Namen nur die Summe der beiden Nummern:

Haider	7
Hummer	16
Lehner	11
Mayerhofer	4
Preining	17

Kannst du herausfinden, welche zwei Preise jeder der Gewinner gezogen hat?

10.2 Mittlere lineare Abweichung

B 1020 Susi und Petra wollen ihr „Zeitgefühl" testen. Jede von ihnen läßt verdeckt eine Stoppuhr laufen und hält sie an, wenn ihrer Meinung nach 15 Sekunden vergangen sind. Sie machen jeweils 10 Versuche.

a) Bestimme in beiden Meßreihen den Mittelwert.
b) Stelle beide Meßreihen in einem Strichdiagramm dar.
c) Gib an, wie weit in beiden Meßreihen die Meßwerte vom jeweiligen Idealwert (15 Sekunden) durchschnittlich entfernt sind.

	Susis Meßreihe	Abweichung vom Idealwert
	14,8	0,2
	16,4	1,4
	14,6	
	15,7	
	14,8	
	15,2	
	15,0	
	14,5	
	15,4	
	15,6	
Mittelwert:		

Petras Meßreihe	Abweichung vom Idealwert
14,8	
13,3	
16,1	
13,7	
13,0	
15,7	
14,4	
14,2	
17,4	
16,4	

Susi:

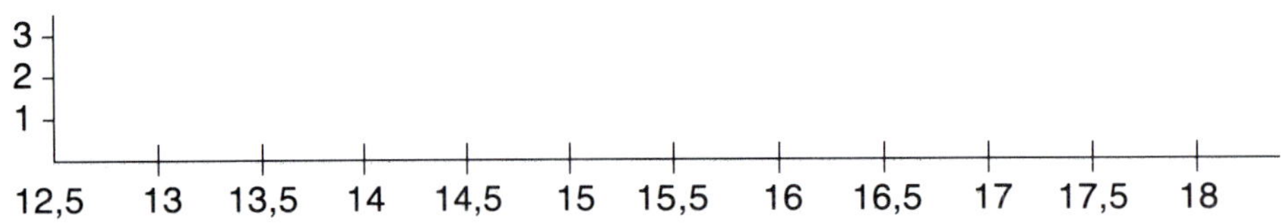

Petra:

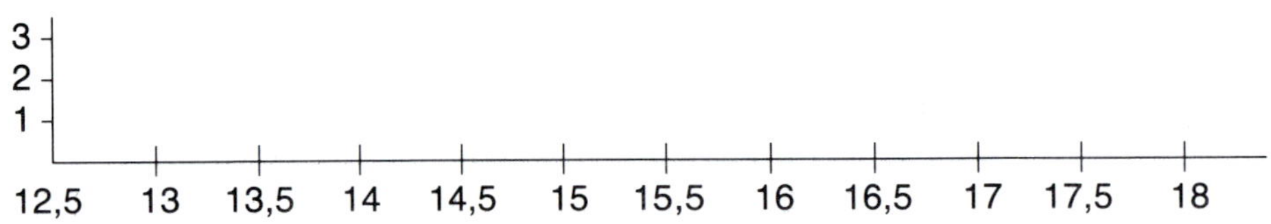

Beide Mädchen sind mit dem Mittelwert sehr nahe an den idealen Wert herangekommen.
Petra hätte, würde man nach dem Mittelwert beurteilen, sogar ein etwas besseres „Zeitgefühl" als Susi. Betrachtet man allerdings die Darstellung im Strichdiagramm, dann kommt man wahrscheinlich zu einer anderen Beurteilung.
Man sagt: Petras Werte **streuen stärker** als Susis Werte.

Die mittlere Abweichung vom Wert a gibt an, wie stark die einzelnen Werte um den Wert a streuen. Bei der Berechnung bleiben negative Vorzeichen unberücksichtigt.

Die mittlere (lineare) Abweichung vom Wert a ist das arithmetische Mittel aller Abweichungen vom Wert a.

$$\bar{a} = \frac{|x_1 - a| + |x_2 - a| + |x_3 - a| + \ldots + |x_n - a|}{n}$$

Zur Erinnerung: $|x - a|$ ist der Absolutbetrag der Zahl $x - a$ und bewirkt, daß vom Wert $x - a$ der nichtnegative Betrag genommen wird. z. B. $|-3| = 3$, $|+7| = 7$

10.3 Weitere Darstellungsmöglichkeiten

B 1021 In Renates Klasse mit 28 Schülern werden die Körpergrößen gemessen (Größenangaben in cm): 158, 144, 151, 163, 160, 153, 155, 169, 152, 143, 155, 156, 160, 154, 155, 152, 148, 156, 157, 160, 155, 163, 153, 156, 160, 150, 156, 158.

Wollen wir eine derart große Anzahl von Daten graphisch darstellen, dann empfiehlt sich oft eine Einteilung in Bereiche (Klassen). Dies kann auf verschiedene Arten geschehen.
Vervollständige die Strichliste und die graphische Darstellung **(Histogramm)**!

Klassenbreite: 5 cm

140 – 144	||
145 – 149	|
150 – 154	|||||||
155 – 159	
160 – 164	
165 – 169	

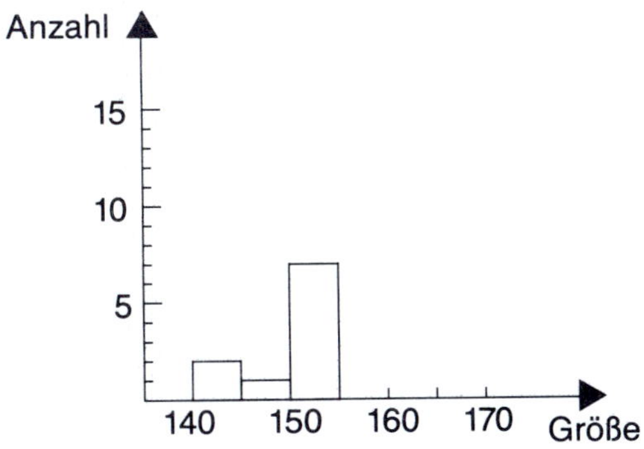

Klassenbreite: 10 cm

140 – 149	
150 – 159	
160 – 169	

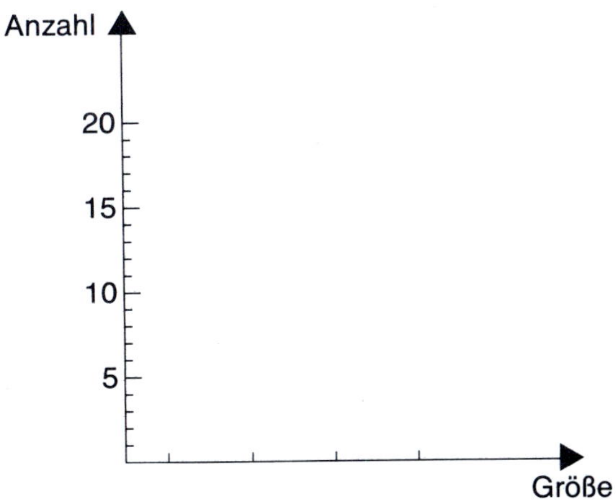

B 1022 Woher kommen die europäischen Spielfilme? (Spielfilmherstellung von 1965 bis 1981)

Land, Gebiet	1965	1970	1975	1976	1977	1978	1979	1980	1981
Belgien	1	13	7	11	3	12	8	5	9
Bulgarien	12	16	25	28	21	30	29	31	42
BRD	72	129	81	63	58	60	67	49	76
DDR	15	.	16	18	16	17	17	17	16
Dänemark	18	18	17	20	21	21	17	12	13
Finnland	9	13	5	9	7	10	8	10	10
Frankreich	142	138	222	214	222	161	174	189	231
Griechenland	112	112	70	42	27	10	28	27	33
Großbritannien	69	85	70	64	42	51	40	57	41
Irland	1	5	2	.	.	1	1	.	2
Italien	188	240	203	237	165	143	146	160	143
Jugoslawien	19	29	21	16	21	25	26	22	31
Niederlande	1	3	16	10	9	12	13	7	11
Norwegen	11	9	14	12	8	6	14	10	9
Österreich	**21**	**7**	**6**	**7**	**9**	**7**	**4**	**8**	**11**
Polen	26	28	36	37	28	36	32	37	41
Portugal	6	4	.	8	78	8	2	9	7
Rumänien	15	11	23	22	23	24	28	32	31
Schweden	21	20	14	16	20	16	17	20	19
Schweiz	10	5	30	20	20	30	30	13	17
Spanien	135	105	105	108	102	107	89	118	137
Tschechoslowakei	45	54	62	68	63	48	47	52	48
Ungarn	23	23	19	19	25	28	25	26	25

Stengel	Blätter	
0	9 2 9 7	
1	6 3 0 1 1 7 9	
2	5	
3	3 1 1	
4	2 1 1 8	
5		
6		
7	6	
:		
13	7	Spanien
14	3	Italien
:		
23	1	Frankreich

Wir wollen uns einen ersten Überblick über die Filmherstellung des Jahres 1981 in Europa verschaffen.
Eine geeignete Möglichkeit stellt das **„Stengel-Blatt-Diagramm"** dar.
In diesem Diagramm werden auf der linken Seite der senkrechten Linie die Zehnerziffern und rechts davon die Einerziffern aufgetragen.
Bei den „Ausreißern" kann man die Namen der Länder direkt dazuschreiben.
Durch diese Schreibweise erhält man schon eine graphikähnliche Darstellung und dadurch einen raschen Überblick.

Überlege:

a) Welche Länder erzeugen besonders viele Spielfilme?
b) Erzeuge ein „Stengel-Blatt-Diagramm", wobei du die Zahlen der Größe nach ordnest.
c) Bestimme Zentralwert, Maximalwert, Minimalwert und Spannweite.

B 1023 Wir betrachten die Anzahlen der hergestellten Spielfilme in Europa aus dem vorhergehenden Beispiel und ordnen sie der Größe nach:

2, 7, 9, 9, 10, 11, 11, 13, 16, 17, 19, 25, 31, 31, 33, 41, 41, 42, 48, 76, 137, 143, 231

1. Quartil 3. Quartil

Bei Datenmengen mit einigen starken „Ausreißern" interessiert man sich manchmal für die „mittlere Hälfte" der Datenwerte. Sie liegt zwischen dem ersten und dem letzten Viertel der geordneten Datenmenge. Die Grenze zwischen dem ersten und zweiten Viertel heißt **1. Quartil,** die Grenze zwischen dem dritten und vierten Viertel heißt **3. Quartil**.

Die Begriffe „Hälfte" und „Viertel" lassen sich nicht bei jeder Anzahl ganzzahlig bestimmen. Auf eine genaue Definition (Festlegung) des Begriffs „Quartil" wollen wir jedoch einstweilen verzichten.

Das 2. Quartil ist also dann der

________________.

Eine Möglichkeit, die eben besprochenen Begriffe anschaulich darzustellen, bietet das **Kastenschaubild** an.

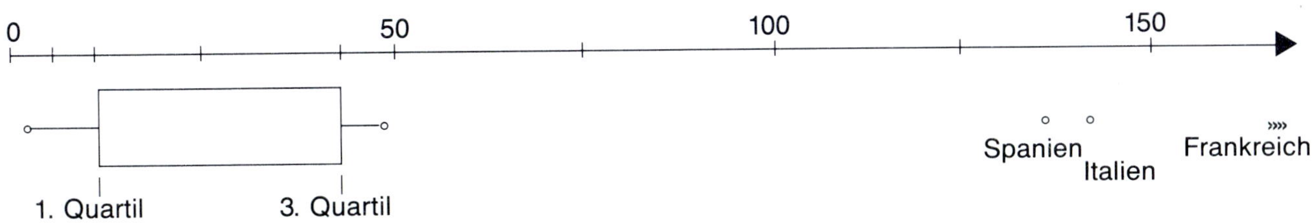

Der Kasten reicht vom 1. bis zum 3. Quartil und enthält daher die „Hälfte" aller Datenwerte. Die an den Kasten anschließenden Linien geben den Bereich an, in dem die Datenwerte noch einen einigermaßen geschlossenen Eindruck machen. Die Ausreißer werden direkt durch Punkte angegeben.

ZUSAMMENFASSUNG

Der **Zentralwert (Median)** liegt in der Mitte aller Werte, wenn man sie der Größe nach ordnet.

Der **Maximalwert** ist der größte Wert, der **Minimalwert** der kleinste Wert aller Werte.

Die **Spannweite** ist die Differenz von Maximalwert und Minimalwert.

Der **Modus** ist der Wert mit der größten Häufigkeit.

Das **gewogene (gewichtete) arithmetische Mittel** ist die Summe der mit den Gewichten multiplizierten Werte, dividiert durch die Summe der Gewichte.

Die **mittlere Abweichung** vom Wert a ist das arithmetische Mittel aller Abweichungen vom Wert a.

Übungen:

1024 In Wolfgangs Klasse werden die Gewichte aller Schüler ermittelt (Angabe in kg):
44, 40, 53, 49, 40, 46, 41, 49, 53, 41, 51, 47, 56, 51, 46, 47, 54, 50, 46, 41, 50, 47, 48, 47, 50, 37, 48, 49, 57, 53, 40, 46, 56, 52.
Berechne:
a) den Minimalwert, b) den Maximalwert, c) die Spannweite, d) den Modus, e) das arithmetische Mittel, f) die mittlere Abweichung vom arithmetischen Mittel, g) die mittlere Abweichung vom Zentralwert.

1025 Ermittle die Körpergewichte 1) der Mädchen, 2) der Burschen in deiner Klasse und berechne a) bis g) wie im vorhergehenden Beispiel.

1026 Bestimme mit den Meßwerten des Beispiels B **1020** (Susi, Petra) jeweils
a) den Zentralwert und die mittlere Abweichung vom Zentralwert,
b) die mittlere Abweichung vom Mittelwert.

1027 Führe mit einem Partner oder einer Partnerin eine Meßreihe wie im Beispiel B **1020** (Susi und Petra) durch und behandle die Teile a), b) und c).

1028 5 Freunde (Adalbert, Bernd, Christoph, Daniel und Emil) wohnen in derselben Straße mit den in der Zeichnung angegebenen Entfernungen in m.

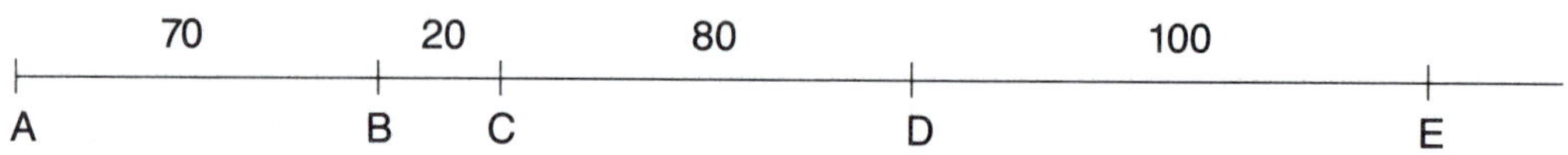

Bei wem müssen sie einander treffen, damit der Mittelwert aller zurückgelegten Wege am kleinsten ist?

1029 In einer Gemeinde befinden sich 13 Betriebe. Die Anzahl der Beschäftigten in den einzelnen Betrieben sind:
4, 4, 5, 5, 6, 8, 10, 12, 12, 14, 15, 15, 350.
Berechne arithmetisches Mittel und Zentralwert.
Welcher der beiden Werte beschreibt die Situation in dieser Gemeinde besser?

1030 Eine Fernsehserie wurde in 8 Teilen ausgestrahlt. Die einzelnen Teile wurden von den Zuschauern mit Punkten von -3 (sehr schlecht) bis $+3$ (sehr gut) beurteilt:

2,9 2,7 −0,1 −0,2 −0,4 −1,2 −0,5 −0,8

Berechne arithmetisches Mittel und Zentralwert.

1031 In ein Lebensmittelgeschäft werden 30 Brotlaibe zu je 1 kg geliefert.
Der Geschäftsinhaber nimmt es einmal ganz genau und wiegt nach (Angabe in g):
999, 1 002, 1 006, 1 002, 1 004, 998, 999, 996, 1 002, 1 002, 1 003, 998, 1 003, 995, 999, 1 000, 1 000, 995, 1 005, 1 002, 1 002, 1 000, 1 002, 1 000, 1 002, 999, 1 004, 996, 998, 1 002.
Berechne a) arithmetisches Mittel, b) Minimum, Maximum und Spannweite, c) die mittlere Abweichung vom arithmetischen Mittel.

1032 Der Geschäftsinhaber sendet alle Brotlaibe mit Untergewicht zurück. (Siehe vorige Übung!)
Wie groß ist nun das arithmetische Mittel?

1033 Zähle die Anzahl der Autos, die an einer von dir ausgewählten geregelten Kreuzung während der Grünphase in einer Richtung über die Kreuzung fahren.
Beobachte 20 Grünphasen und berechne a) Minimum, b) Maximum, c) Zentralwert, d) arithmetisches Mittel, e) mittlere Abweichung vom arithmetischen Mittel.

1034 a) Berechne bei den vorgegebenen Zahlen den Zentralwert und die mittlere Abweichung vom Zentralwert:
32, 22, 28, 21, 23, 21, 18, 28, 26, 15, 21, 29, 25, 22, 27, 34, 22, 23, 30, 22.

b) Überprüfe die folgende Behauptung an drei selbstgewählten Zahlen:
„Die mittlere Abweichung von jedem anderen Wert ist kleiner oder gleich der mittleren Abweichung vom Zentralwert."

1035 a) Stelle die Spielfilmherstellung des Jahres 1970 (siehe Beispiel S. 192) in einem „Stengel-Blatt-Diagramm" dar.
b) Bestimme Zentralwert, Maximum, Minimum und Spannweite.

1036 Bestimme im vorhergehenden Beispiel 1. und 3. Quartil und fertige ein Kastenschaubild an.

In den nächsten Aufgaben siehst du mehrere Möglichkeiten, statistische Daten darzustellen.
Versuche, die graphischen Darstellungen zu deuten!

1037

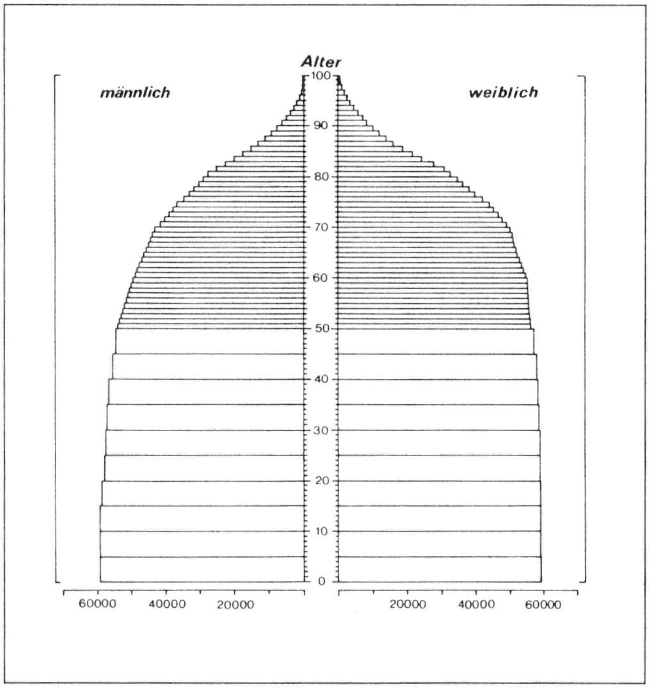

So sieht die „ideale" Bevölkerungsstruktur aus, zumindest im Hinblick auf die Pensionsfinanzierung: Gleichbleibende Geburtenrate, keine Bevölkerungsverluste durch Kriege oder Katastrophen. Die Regelmäßigkeit der Struktur garantiert ein gleichbleibendes Verhältnis zwischen Pensionsbeitragszahlern (Aktiven) und Beitragsempfängern (Pensionisten).

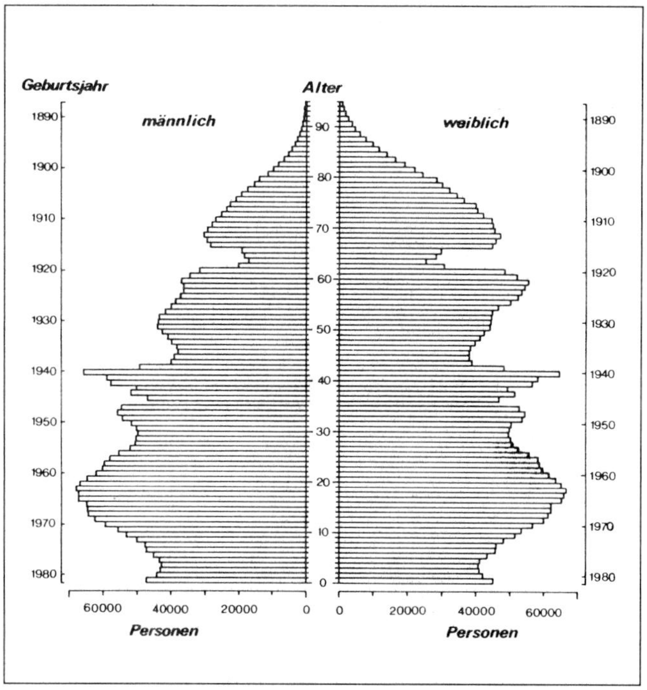

Die österreichische Bevölkerungsstruktur ist leider alles andere als regelmäßig: Der Weltkrieg hat sich bei den Männern dezimierend ausgewirkt, die gesunkenen Geburtenzahlen, der sogenannte „Pillenknick", bringen eine im Hinblick auf die Pensionsfinanzierung der nächsten Jahre und Jahrzehnte dramatische Verengung am unteren Ende der Strukturgrafik.

(Quelle: Solidarität, 1986)

1038 Die Bevölkerungsentwicklung in den österreichischen Bundesländern von 1950 – 2015.

Unter einer **Prognose** versteht man hier eine Voraussage aufgrund von statistischen Berechnungen.

Rechts siehst du ein **Punktdiagramm,** bei dem die Punkte zu einem Linienzug verbunden sind.

In der unteren Darstellung siehst du ein **Piktogramm**.

Was ist hier wohl unter „Zug nach Westen" gemeint?

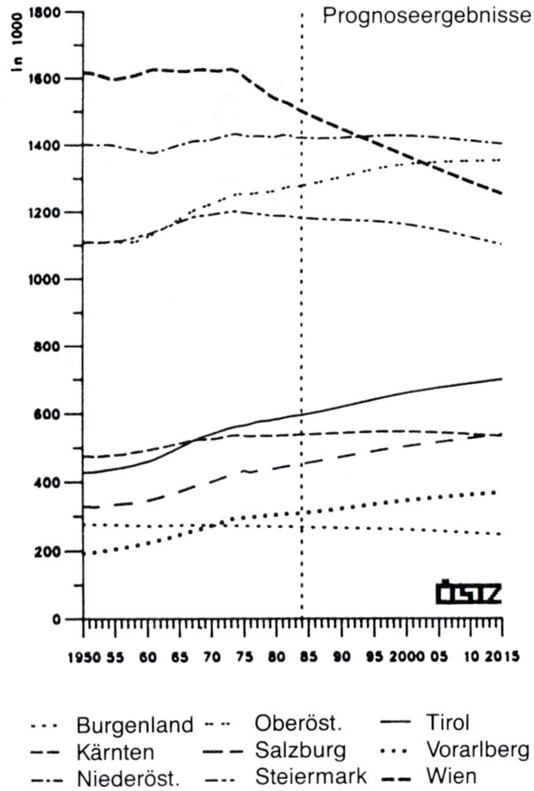

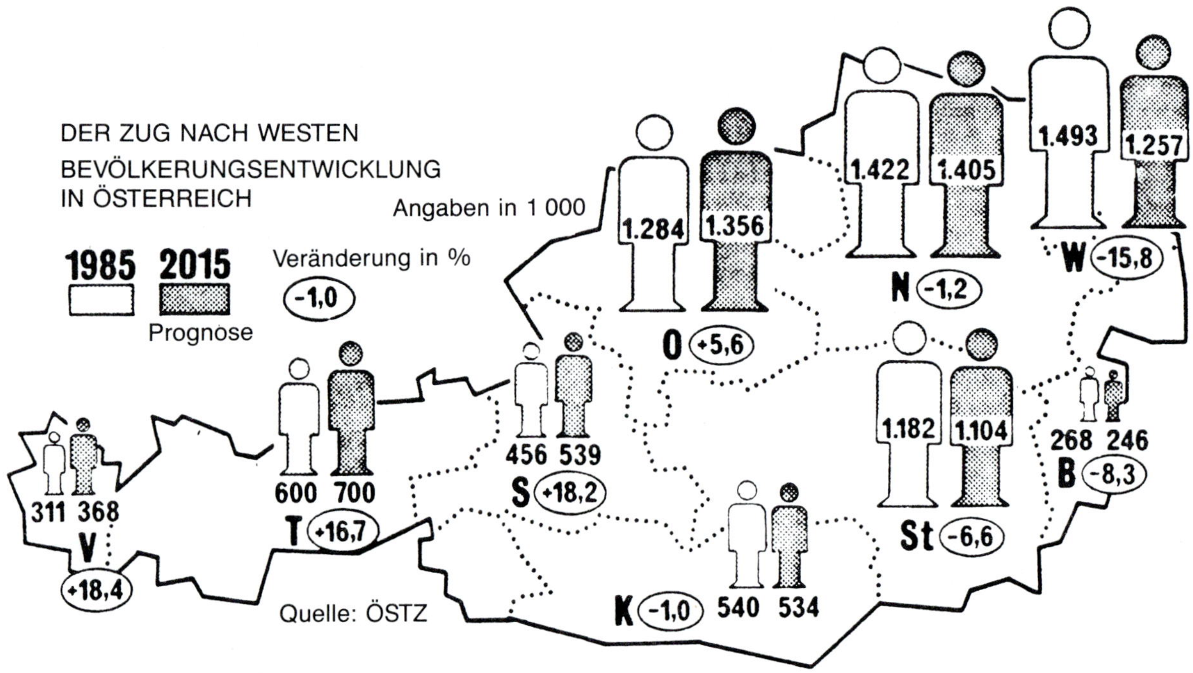

(Quelle: Der öffentliche Dienst, 1986)

1039 VERKEHRSUNFÄLLE UND VERUNGLÜCKTE 1970 – 1984

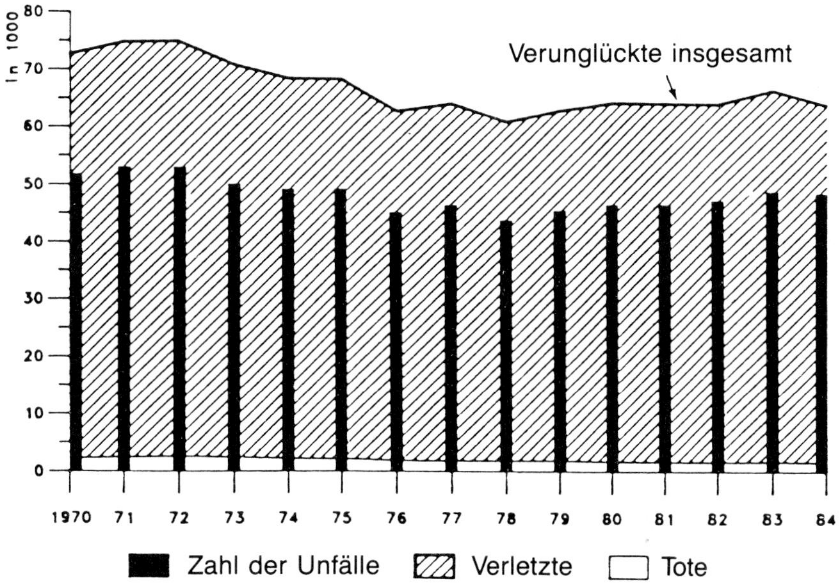

1040 IM STRASSENVERKEHR VERUNGLÜCKTE KINDER 1984

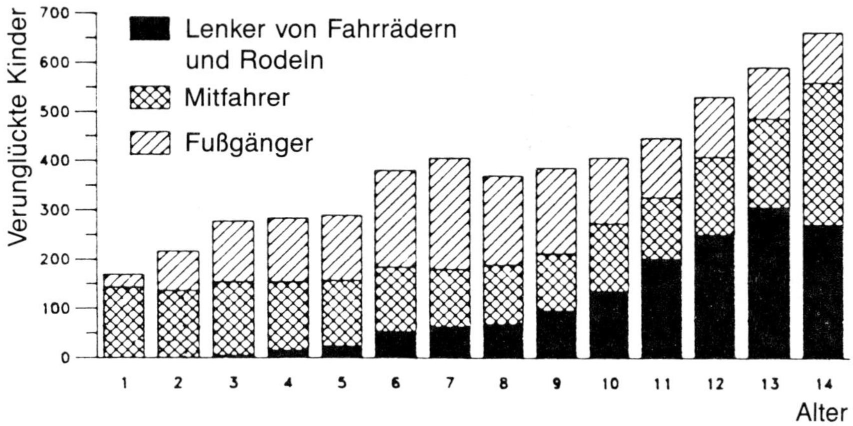

1041 ANTEIL DER ALKOHOLUNFÄLLE 1984 AN DEN GESAMTUNFÄLLEN NACH BUNDESLÄNDERN

Abweichung vom Österreich-Durchschnitt (8,61 %)

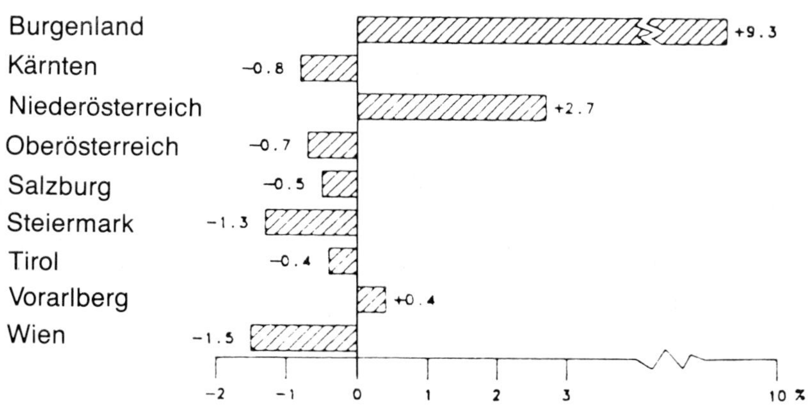

(Quelle: ÖSTZ)

1042

Risikogruppe Nr. 1: Die jugendlichen Fahranfänger

Prozentuelle Beteiligung der Lenker an Unfällen mit Personenschaden 1983

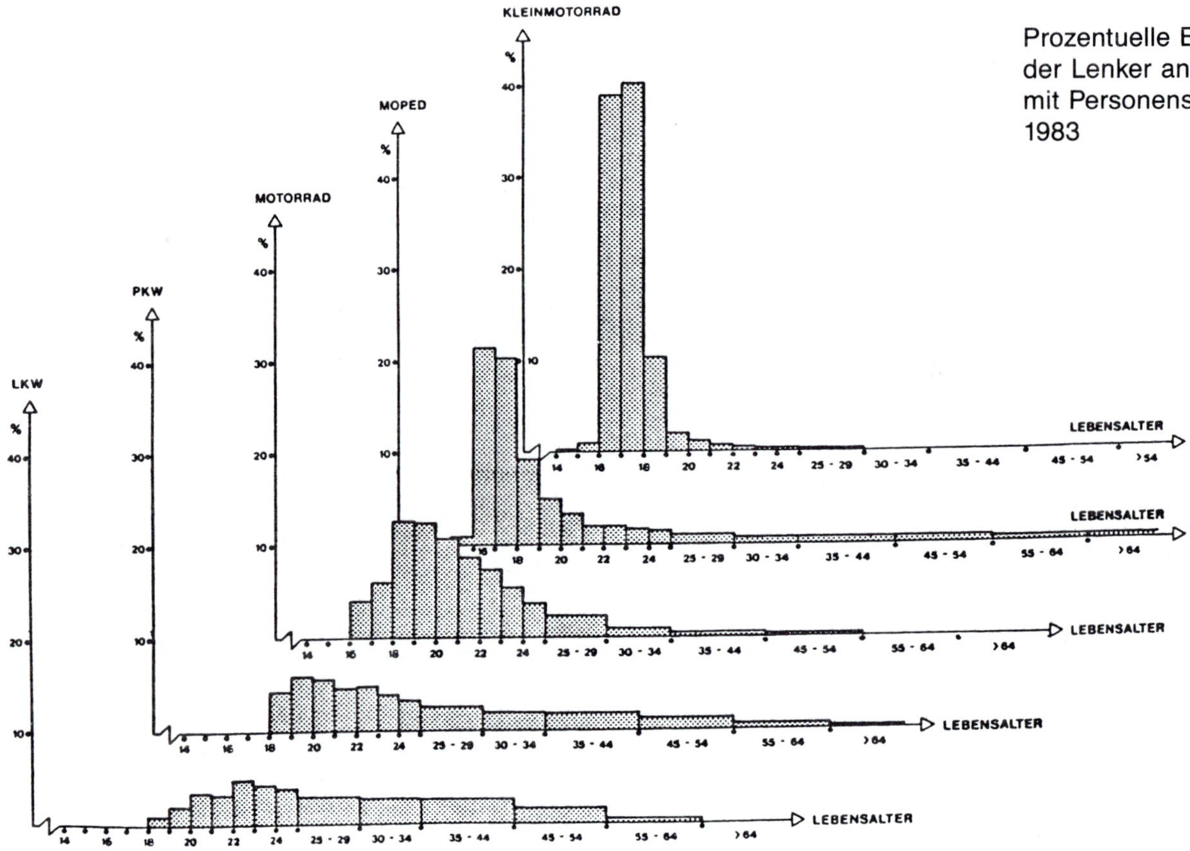

1043

Prozentuelle Beteiligung der Lenker an Unfällen mit Personenschaden 1983

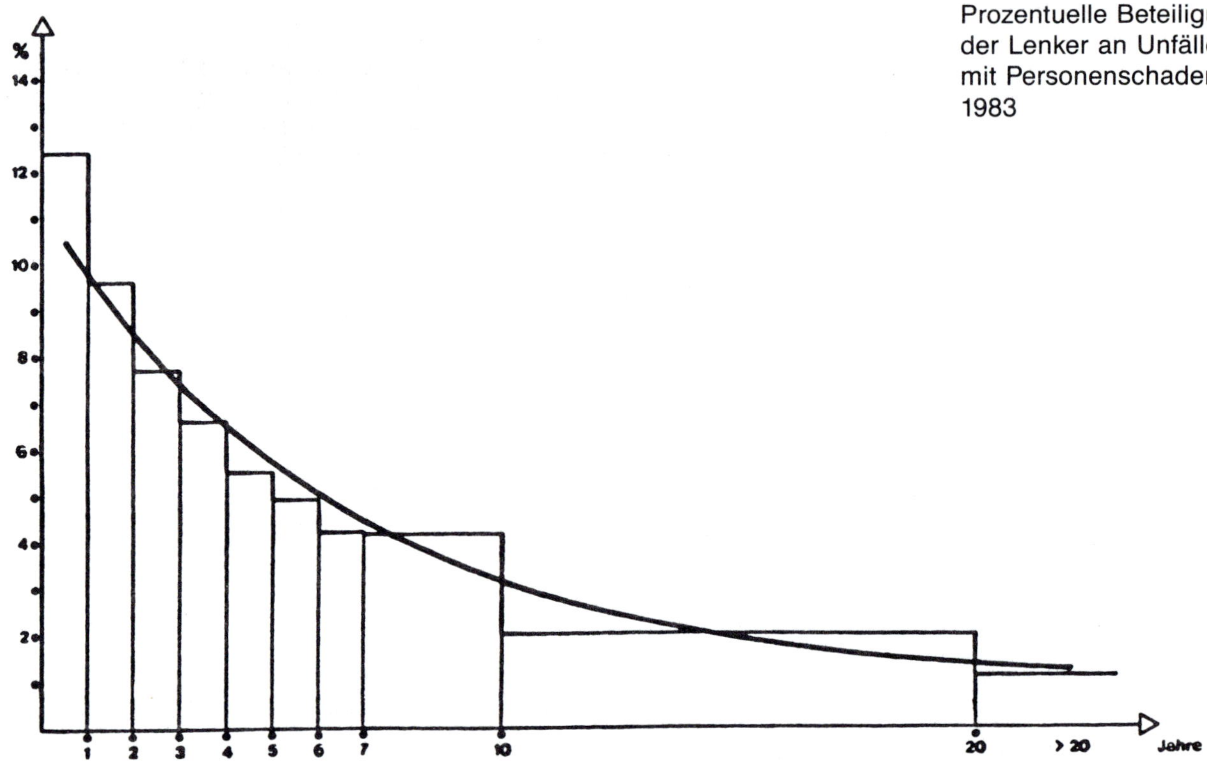

(Quelle: Erziehung zur Sicherheit)

DAUER DES FÜHRERSCHEINBESITZES

11 Prismen und Pyramiden

11.1 Darstellungen von Quader und Würfel

B 1044 Die Darstellung von Quadern und Würfeln im Schrägriß hast du bereits in der zweiten Klasse kennengelernt. Wir wiederholen kurz:

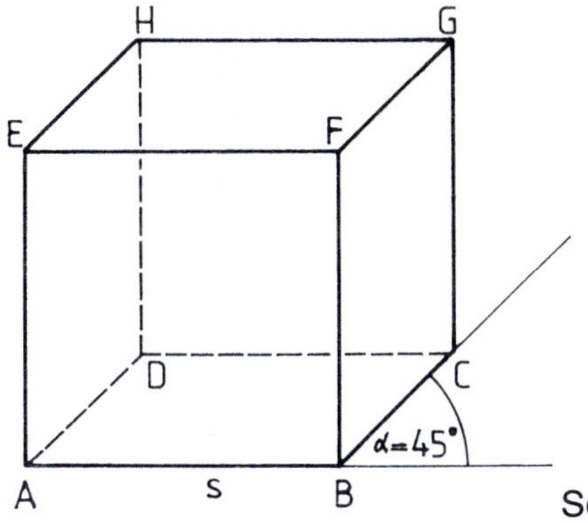

Schrägriß eines Würfels mit s = 3 cm

Strecken parallel zur Zeichenebene werden in ihrer wahren Länge gezeichnet.

AB, ______________________

Strecken normal zur Zeichenebene werden verkürzt gezeichnet.

AD, ______________

Bei dieser Schrägrißdarstellung ist der Verzerrungswinkel $\alpha = 45°$, die Verkürzung erfolgt auf die Hälfte der wahren Länge (Verzerrungsfaktor $v = \frac{1}{2}$).

B 1045 Zeichne in dein Heft einen Schrägriß des angegebenen Körpers!

a) Würfel: s = 42 mm
b) Quader: a = 55 mm, b = 30 mm, h = 40 mm
Stelle dazu einen Quader (z. B. eine Zündholzschachtel) links vor dir auf den Tisch. Überlege aufgrund der gegebenen Maße (Länge a, Breite b, Höhe h), auf welche Fläche du den Quader stellst!

B 1046 Ein Quader soll nun aus ganz bestimmten Richtungen — von oben, von vorne und von der Seite — betrachtet werden.

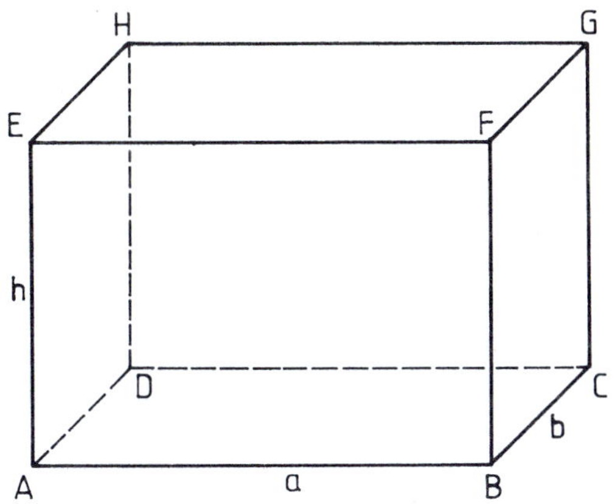

Schrägriß eines Quaders mit
a = 5 cm, b = 3 cm, h = 3,5 cm

Schreib in die Rechtecke, von welchen Betrachtungsrichtungen der Quader so aussieht! Bezeichne die Eckpunkte!

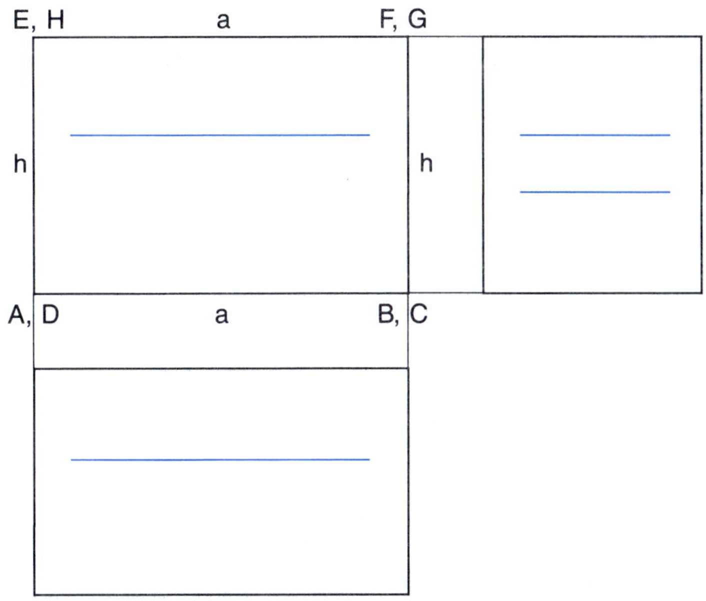

Die Ansicht eines Körpers von oben nennt man Grundriß, von vorne nennt man Aufriß.

B 1047

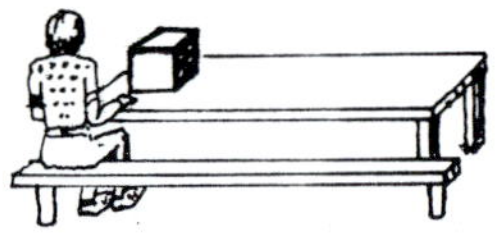

① ② ③ ④

Markus betrachtet seinen direkt vor ihm auf dem Tisch liegenden Würfel ①

Er rückt nun auf der Bank nach rechts und beobachtet, wie sich für ihn das Bild des Würfels verändert (②, ③, ④).

a) Welcher Schrägriß entspricht ungefähr dem Bild, das Markus aus den verschiedenen Positionen ②, ③ und ④ sieht?

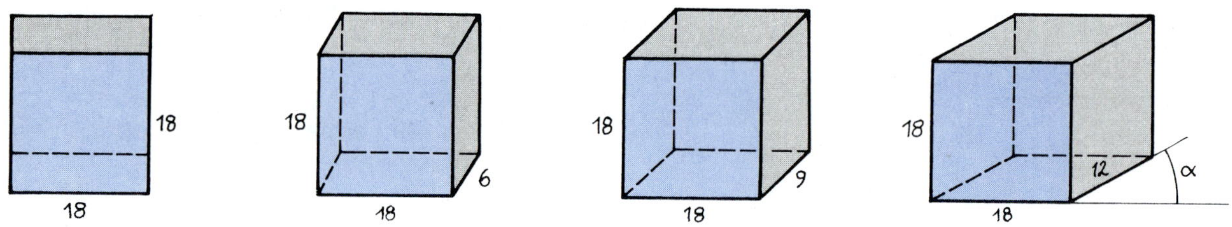

① ◯ α = ____ v = ____ ◯ α = ____ v = ____ ◯ α = ____ v = ____

b) Wodurch unterscheiden sich die Schrägrisse?
Bestimme durch Messung bei jedem Schrägriß den Verzerrungswinkel α und den Verzerrungsfaktor v!

$v = \frac{l_v}{l_w}$ Verzerrungsfaktor = verzerrte Länge durch wirkliche Länge

Bemerkung: Verzerrungswinkel und Verzerrungsfaktor werden so gewählt, daß ein möglichst anschauliches Bild des Würfels ensteht.
Du kannst jedoch erkennen: Wenn der Verzerrungswinkel kleiner gewählt wird, dann ist der Verzerrungsfaktor größer.

B 1048

Zeichne den Würfel im Schrägriß!

Kantenlänge s = 4,5 cm
Verzerrungswinkel α = 30°
Verzerrungsfaktor $v = \frac{2}{3}$

B 1049

Zeichne den Würfel im Schrägriß!

Kantenlänge s = 5 cm
Verzerrungswinkel α = 50°
Verzerrungsfaktor $v = \frac{2}{5}$

B 1050

Zeichne einen Quader im Schrägriß!

a) a = 4,5 cm
b = 3,6 cm
h = 6,5 cm
Verzerrungswinkel α = 60°
Verzerrungsfaktor $v = \frac{1}{3}$

b) Quader mit quadratischer Grundfläche:
a = b = 72 mm, h = 30 mm
Verzerrungswinkel α = 30°
Verzerrungsfaktor $v = \frac{2}{3}$

c)

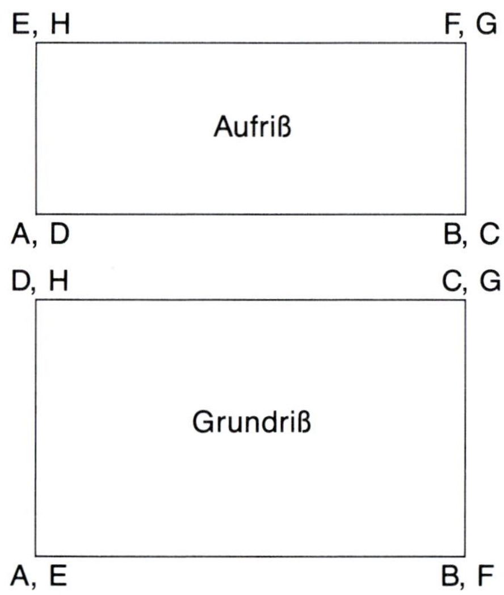

Verzerrungswinkel α = 45°
Verzerrungsfaktor $v = \frac{1}{2}$

Übungen:

Wenn nicht anders angegeben, vereinbaren wir für die nächsten Übungen bei Schrägrissen einen Verzerrungswinkel von 45° und einen Verzerrungsfaktor $\frac{1}{2}$.

1051 Zeichne Körper, die die Form eines Quaders besitzen, wie z. B. eine Zündholzschachtel, eine Schulmilchpackung, . . . im Schrägriß.
Miß dazu die Kantenlängen ab!
Sind die Körper, die du zeichnen willst, zu groß, dann stelle sie maßstäblich verkleinert dar! Wähle dazu einen geeigneten Maßstab!

1052

Quader
a = 6 cm
b = 3 cm
c = 4 cm

a) Zeichne den Quader dreimal im Schrägriß; dabei soll jeweils eine andere Fläche die Grundfläche darstellen.
b) Zeichne das Netz dieses Quaders!
c) Berechne Volumen und Oberfläche des Quaders!

1053 Zeichne eine Schachtel (ohne Deckel) im Schrägriß.
Die Schachtel besitzt eine quadratische Grundfläche mit s = 12 cm und eine Höhe h = 3 cm.
Überlege, welche Kanten sichtbar sind, wenn du von oben auf die Schachtel schaust!

1054 Zeichne die quaderförmige Grundform des angeführten Möbelstücks im Schrägriß. Verwende dazu den Maßstab M 1 : 20.

a) Kasten: 2,4 m lang, 60 cm tief und 2 m hoch
b) Schreibtisch: 1,4 m lang, 70 cm breit, 80 cm hoch
c) Gitterbett: 130 cm lang, 80 cm breit, 90 cm hoch

1055 a) Zeichne aus dem Grund- und Aufriß einen Schrägriß des Quaders!
b) Welche Masse hat dieser Quader, wenn er aus Eisen besteht?
Dichte von Eisen: 7,8 kg/dm³
c) Zeichne das Netz des Quaders und berechne seine Oberfläche.

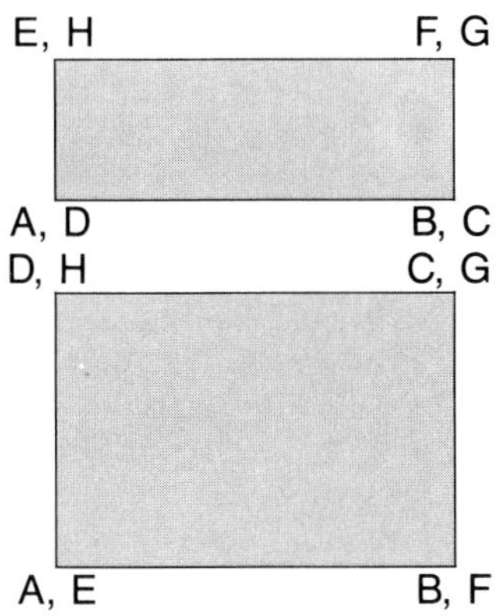

1056 Stelle aus vier Würfeln (z. B. Spielwürfeln) verschiedene Körper zusammen.
Zeichne diese Körper im Schrägriß!
Nimm für einen Würfel eine Kantenlänge von 2 cm an!

Beispiel einer möglichen Zusammenstellung:

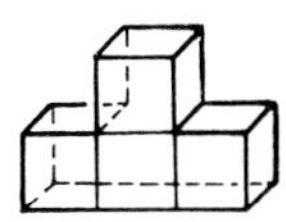

1057 Dieses Netz soll gefaltet werden.
Kannst du die dargestellten Gebilde daraus erhalten? (ja oder nein)

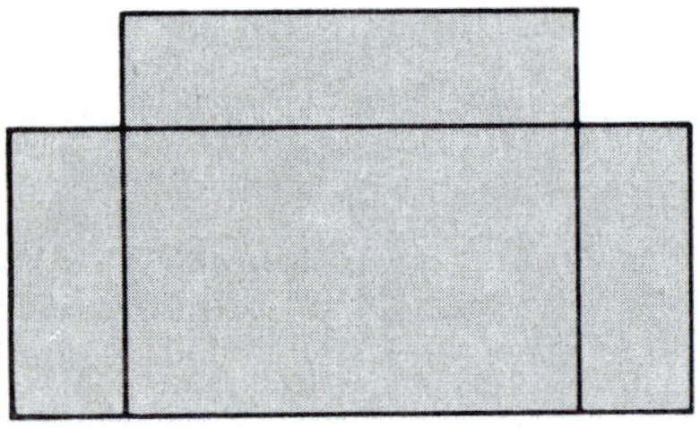

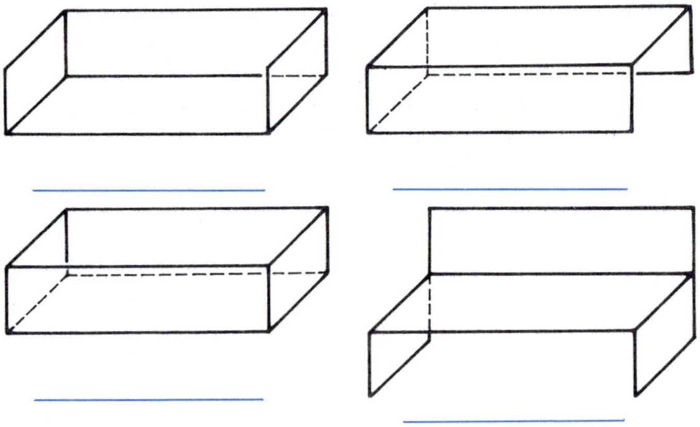

1058 Zwei Spielwürfel bilden zusammen einen Quader, wobei immer Flächen mit gleichen Augenzahlen aneinander liegen! Zeichne die fehlenden Augen der Würfel ein!

Beachte:
Die Summe der Augenzahlen gegenüberliegender Seiten beträgt 7.

a)
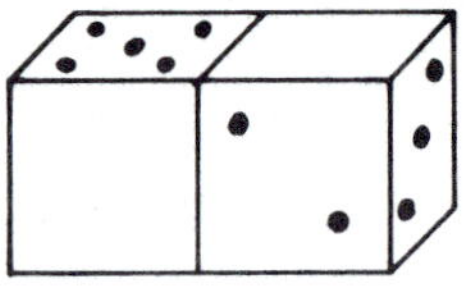

b)
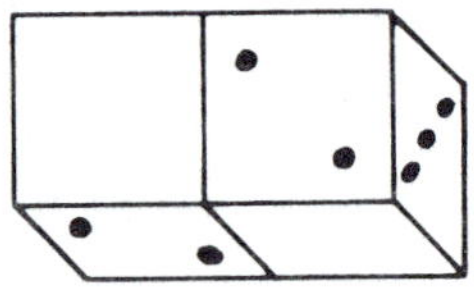

c)
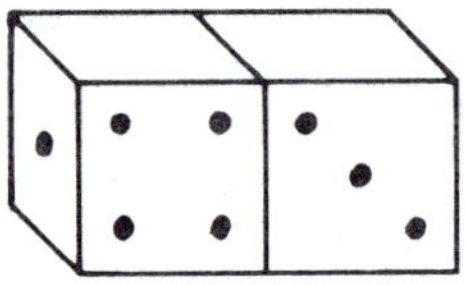

d)
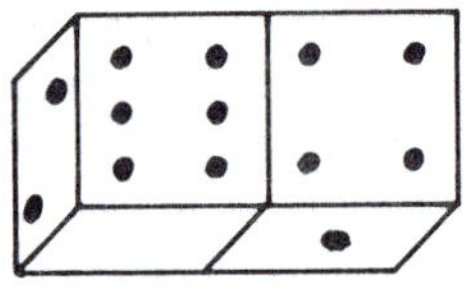

1059 Zeichne den in Übung 1058 dargestellten Spielwürfel im Schrägriß von verschiedenen Betrachtungsrichtungen — von rechts oben, von rechts unten, von links oben und von links unten! Die Lage des Würfels soll dabei nicht verändert werden! Seitenlänge des Spielwürfels $s = 4$ cm.

1060 Zeichne den in Übung 1058 dargestellten Spielwürfel mit verschiedenen Verzerrungswinkeln!

a) $\alpha = 30°$, $v = \frac{2}{3}$ b) $\alpha = 40°$, $v = \frac{3}{5}$ c) $\alpha = 60°$, $v = \frac{1}{3}$

1061 Bei diesen Würfeln sind Schnittflächen eingezeichnet.

a) Welche der nebenstehenden Flächen stellen Schnittflächen in wahrer Größe dar?
Trag (I) und (II) ein und bezeichne die Eckpunkte!

b) Ermittle aus den Schnittflächen die Winkel zwischen den Flächendiagonalen BE und BG sowie zwischen den Raumdiagonalen BH und CE!

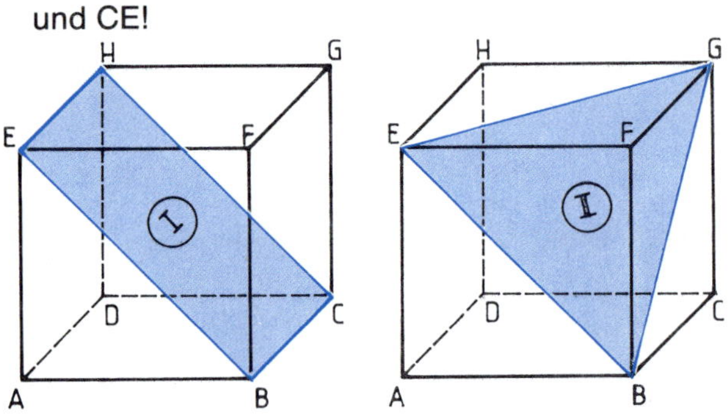

11.2 Beliebige Prismen

B 1062 Die Grundfläche eines Prismas ist ein Dreieck, Viereck oder Vieleck.

a) Gib die Eigenschaften von Prismen an! (Grundfläche — Deckfläche, Kanten)

b) Die nebenstehend abgebildeten Gegenstände haben die Grundform eines Prismas. Zeichne diese Prismen ein!

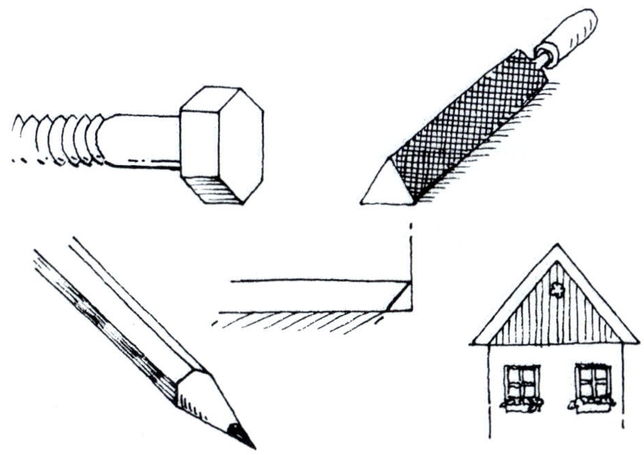

B 1063 Ein Quader soll entlang einer Diagonalen der Grundfläche auseinandergeschnitten werden. Es entstehen dadurch Prismen mit rechtwinkeligen Dreiecken als Grundfläche.

a) Zeichne das Prisma mit der Grundfläche ABC in Grund- und Schrägriß!

b) Zeichne das Prisma mit der Grundfläche ABD in Grund- und Schrägriß!

Bemerkung: Wenn nicht anders angegeben, wird hier und auch in den nächsten Beispielen ein Verzerrungswinkel von 45° und ein Verzerrungsfaktor $\frac{1}{2}$ angenommen.

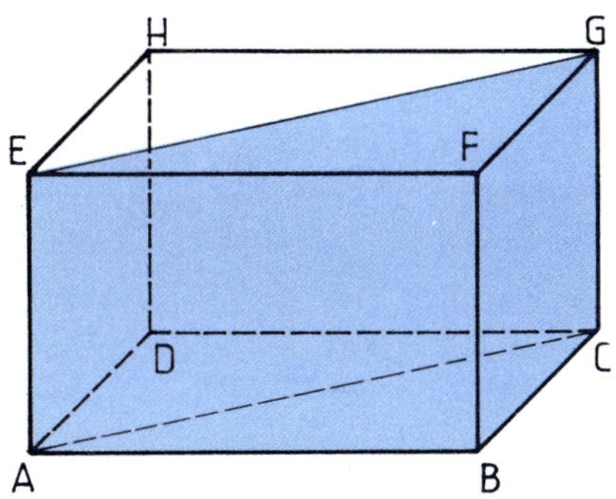

a) __________

b) __________

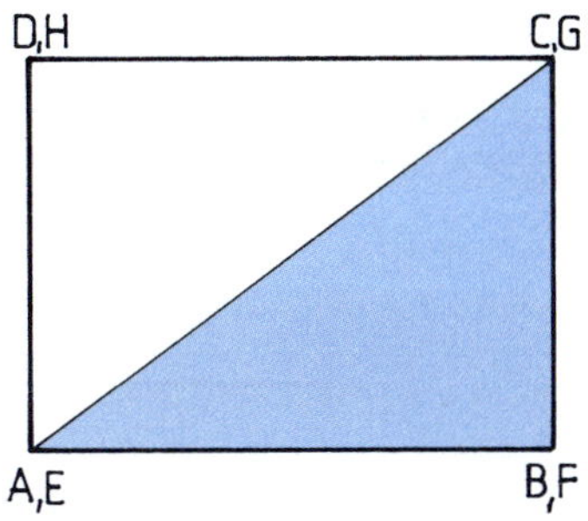

Welche Kanten verlaufen parallel zur Zeichenebene und erscheinen daher in wahrer Länge?
a) __________
b) __________

Welche Kanten verlaufen normal zur Zeichenebene und erscheinen daher auf die Hälfte verkürzt?
a) __________
b) __________

Welche Kanten verlaufen schräg zur Zeichenebene? Erfolgt hier auch eine Verkürzung auf die Hälfte der wahren Länge? Miß die wahren Längen im Grundriß und vergleiche mit dem Schrägriß!
a) __________
b) __________

Du erkennst: Der Verzerrungsfaktor $\frac{1}{2}$ gilt nur für Strecken, die normal auf der Zeichenebene stehen!

B 1064 Im Anhang am Ende des Buches ist das Netz eines Prismas mit einem gleichseitigen Dreieck als Grundfläche gezeichnet.
Schneide es aus und klebe daraus das Prisma!
Stelle nun dieses Prisma so vor dich auf den Tisch, wie es die Zeichnung zeigt. Nimm ein Blatt Papier und stelle damit die Zeichenebene dar. Gibt es Kanten, die normal zur Zeichenebene verlaufen?

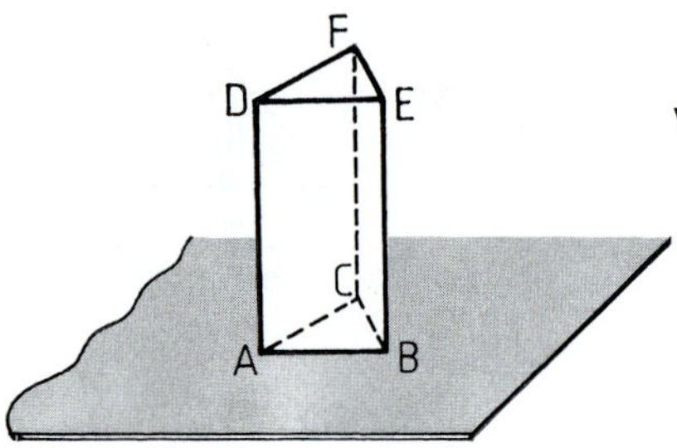

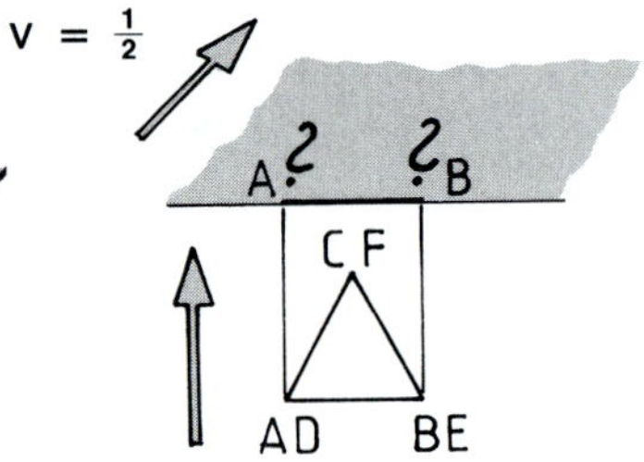

Es verläuft zwar keine Kante normal zur Zeichenebene, aber eine Höhe des Grundflächendreiecks. Damit läßt sich die Lage des Eckpunktes C ermitteln.
Verfolge den dargestellten Konstruktionsgang!

a) Zeichne den in ① bis ④ skizzierten Schrägriß des Prismas!

b) Drehe das Prisma nun so, daß die Kante AD vorne liegt. Zeichne den Schrägriß!

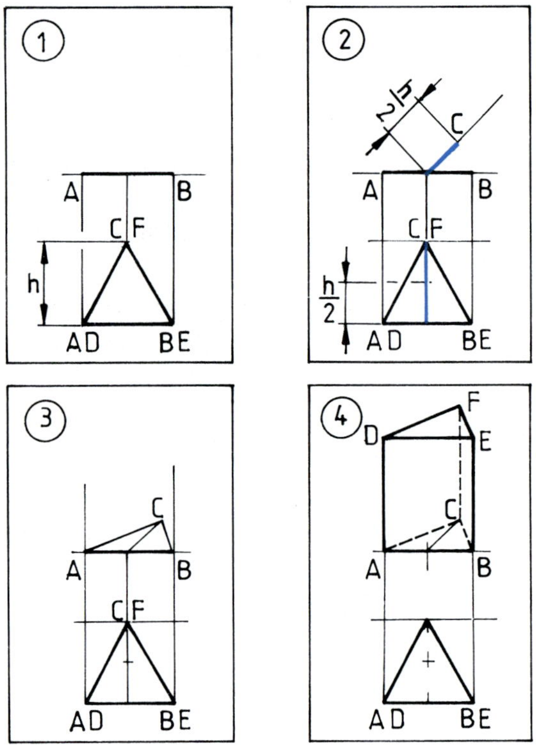

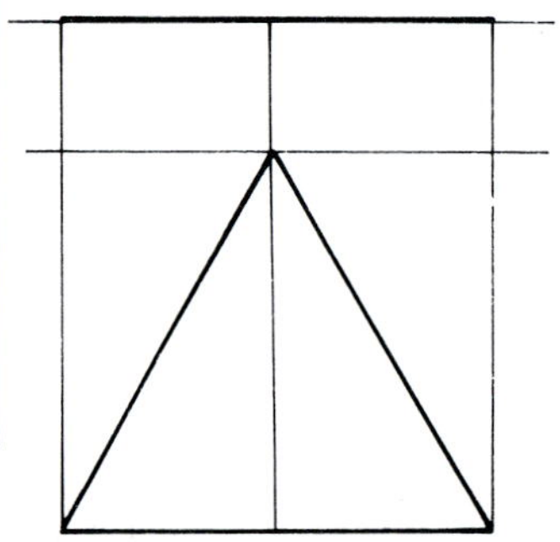

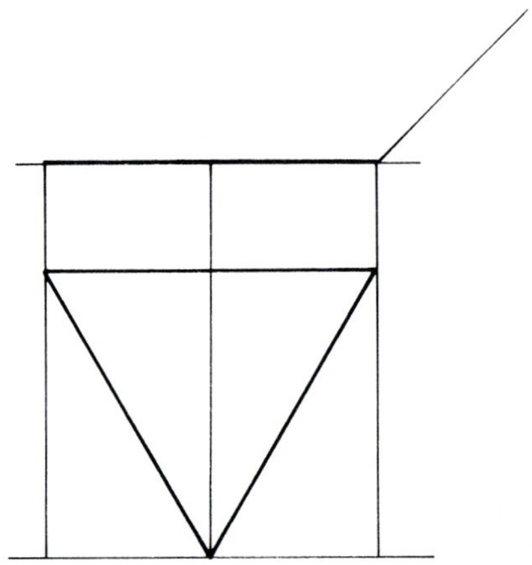

B 1065
a) Zeichne in dein Heft den Grund- und Aufriß des dreiseitigen Prismas von B 1064 a).
b) Lege nun das Prisma auf eine Seitenfläche, sodaß die Kante AD im Vordergrund parallel zur Zeichenebene liegt. In dieser Lage zeichne dann den Grund- und Aufriß des Prismas.
Zeichne ebenso einen Schrägriß!

Nun können wir beliebige Prismen im Schrägriß zeichnen!

B 1066 Zeichne ein regelmäßiges sechsseitiges Prisma im Schrägriß!
Höhe des Prismas h = 4 cm.

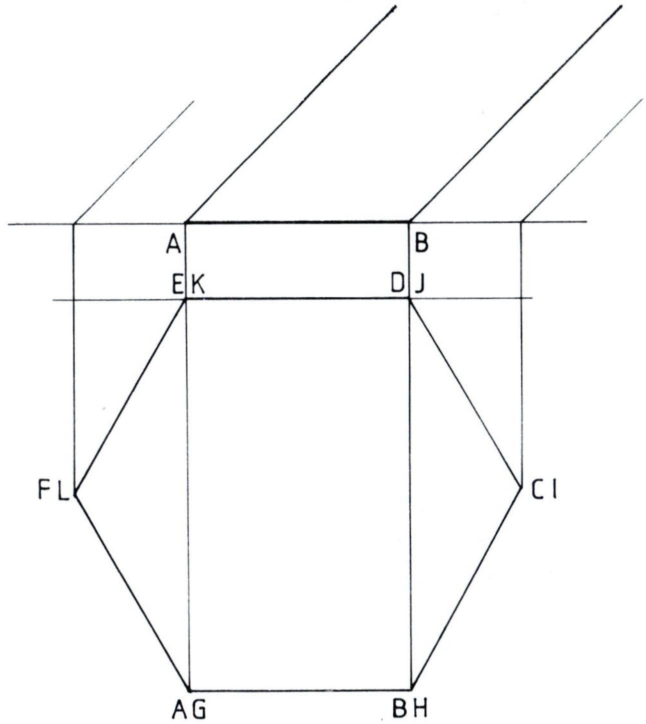

Die Oberfläche von Prismen

Du weißt bereits:
Die Oberfläche eines Körpers ist die Summe der Flächeninhalte der Begrenzungsflächen des Körpers.

Netz eines dreiseitigen Prismas

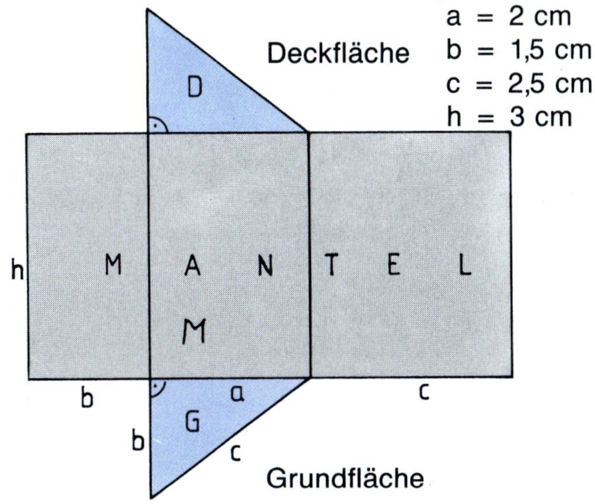

B 1067 a) Begründe die Formel für die Oberfläche eines Prismas!
O Oberfläche
G Grundfläche
M Mantelfläche

$O = 2 . G + M$

b) Berechne die Oberfläche des angegebenen dreiseitigen Prismas!

G = ______________________

M = ______________________

O = ______________________

c) Gib eine Formel für die Oberfläche mit Hilfe der Variablen a, b, c und h an!

B 1068 Für die Oberfläche eines Quaders (Prisma mit rechteckiger Grundfläche) haben wir bereits folgende Formeln kennengelernt:

(I) $O = 2 . a . b + 2 . a . h + 2 . b . h$ (II) $O = 2 . a . b + 2 . (a + b) . h$

a) Welche der beiden Formeln entspricht der Form $O = 2 . G + M$?
b) Zeige, daß beide Darstellungen gleichwertig sind!

B 1069 a) Zeichne in deinem Heft die Netze der Prismen mit den dargestellten Grundflächen.
Höhe der Prismen h = 5 cm.

(I)

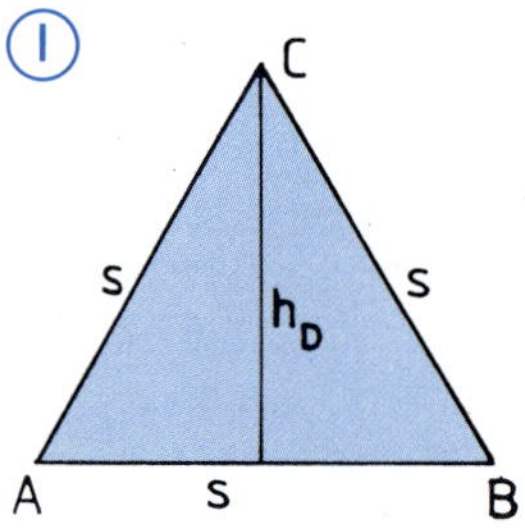

(II)

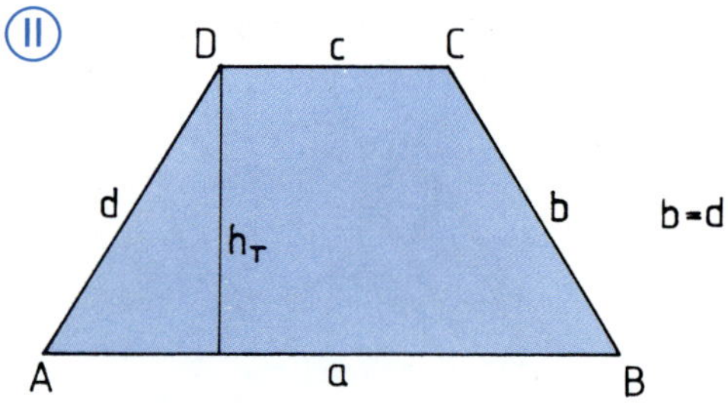

b) Berechne die Oberfläche jedes Prismas.
Entnimm die notwendigen Maße zur Bestimmung des Flächeninhalts den Grundflächen der Zeichnungen!

c) Gib jeweils eine Formel für die Oberfläche der Prismen an!
Verwende dabei die oben angegebenen Variablen. Verwechsle nicht die Höhe der Grundfläche mit der Höhe des Prismas.

Übungen:

1070 Trag in Stichworten (parallel, gleich lang . . .) die Eigenschaften der Prismen ein!

Steckbrief eines Prismas:

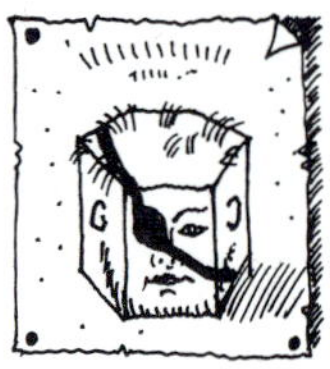

Grund- und Deckfläche: ______________________________

____

Mantelflächen: ______________________________

Seitenkanten: ______________________________

1071 Zeichne ein Prisma mit der dargestellten Grundfläche im Schrägriß!
Übertrage dazu diese Fläche mit Hilfe des Zirkels in dein Heft!
Die Kante AB soll parallel zur Zeichenebene verlaufen! Höhe des Prismas: h = 6 cm.

a)

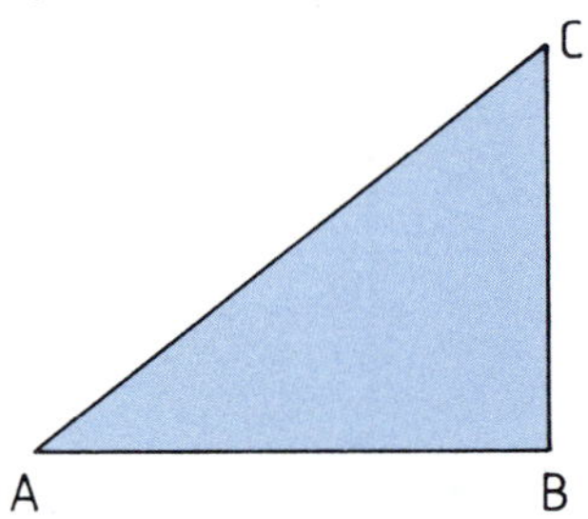

b)

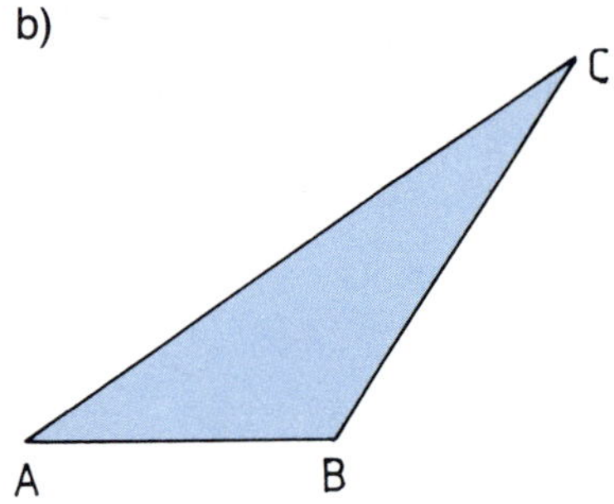

c)

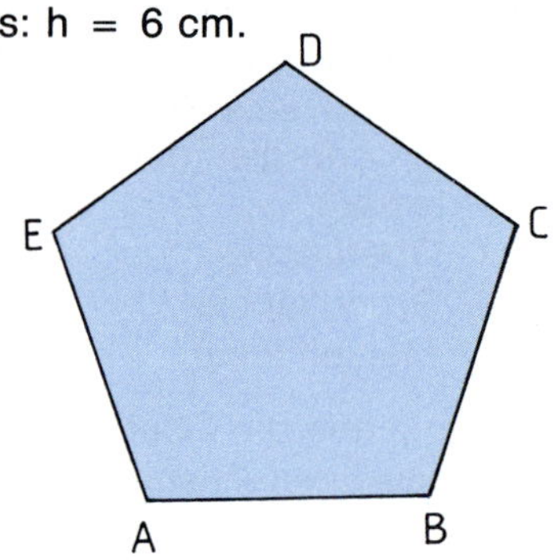

1072 Zeichne folgende Prismen im Schrägriß! Stelle die Prismen so, daß eine Kante der Grundfläche parallel zur Zeichenebene verläuft!

a) Grundfläche: Rechtwinkeliges Dreieck, a = 62 mm, b = 40 mm; Höhe h = 35 mm
b) Grundfläche: Regelmäßiges Sechseck, s = 4 cm; Höhe h = 6 cm
c) Grundfläche: Gleichschenkeliges Trapez, a = 7 cm, c = 3 cm, α = 35°; Höhe h = 5 cm

1073 Ein rechtwinkeliges Dreieck ABC mit $\overline{AB}$ = 5 cm, $\overline{BC}$ = 4 cm und $\overline{CA}$ = 3 cm ist Grundfläche eines Prismas. Das Prisma ist 4,5 cm hoch.

a) Zeichne den Schrägriß dieses Prismas! Die Kante BC soll parallel zur Zeichenebene verlaufen.
b) Zeichne ein Netz des Prismas und berechne die Oberfläche!
c) Berechne das Volumen und die Masse, wenn das Prisma aus Aluminium (Dichte $\rho = 2{,}7\,\frac{kg}{dm^3}$) besteht!

1074 a) Welche Grundformen erkennst du in den Fotografien der beiden Häuser?

b) Zeichne selbst Häuser im Schrägriß! Konstruiere zuerst ihre Grundformen im Schrägriß und zeichne dann freihand weiter — Türen, Fenster etc.

1075 Aus einem dreiseitigen Prisma wird ein Walmdach!

a) Zeichne auch auf der rechten Seite die Schnittfläche ABM ein! Ziehe das entstehende Walmdach durch dickere Linien nach!

b) Welche Flächen begrenzen dieses Dach? Zeichne sie in deinem Heft in wahrer Größe!

c) Bestimme durch geeignete Dreiecke in wahrer Größe die Neigungswinkel der Dachflächen!

d) Wie groß ist der Flächeninhalt der Dachfläche, wenn diese Zeichnung das Dach im Maßstab M 1 : 200 darstellt?
Entnimm die zur Berechnung notwendigen Maße aus deinen Zeichnungen!

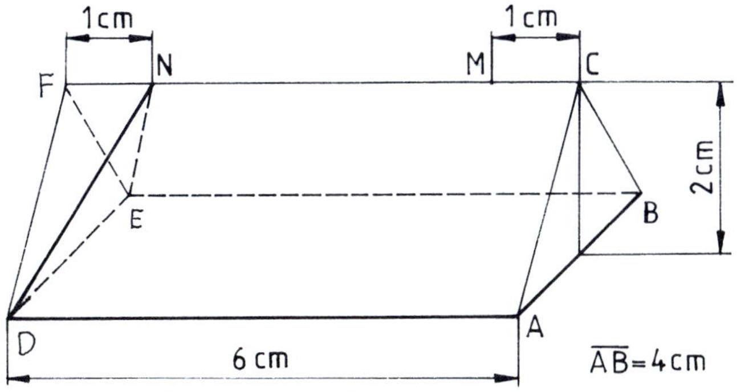

1076 Verwende für diese Übung dein gebasteltes dreiseitiges Prisma!
Zeichne a) eine Schnittfläche parallel zur Grundfläche,
b) eine Schnittfläche parallel zu einer Seitenfläche, die die Grundflächenkanten halbiert,
c) eine Schnittfläche durch zwei Eckpunkte der Grundfläche und einen Eckpunkt der Deckfläche (z. B. A, B, G),
d) eine trapezförmige Schnittfläche.

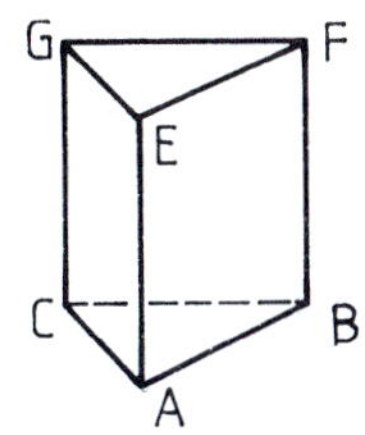

Miß die dazu benötigten Längen an deinem dreiseitigen Prisma!

1077 Aus einem Quader soll ein dreiseitiges Prisma geschnitten werden.
Schnittebene I: In ihr liegen die Kante AB und die Halbierungspunkte der Kanten EH und FG.
Schnittebene II: In ihr liegen die Kante CD und die Halbierungspunkte der Kanten EH und FG.

a) Zeichne die Schnittflächen und das daraus entstehende dreiseitige Prisma ein!

b) Wie lang sind die Kanten und wie groß sind die Winkel der Grundfläche?
Zeichne dazu in deinem Heft die Grundfläche in wahrer Größe!

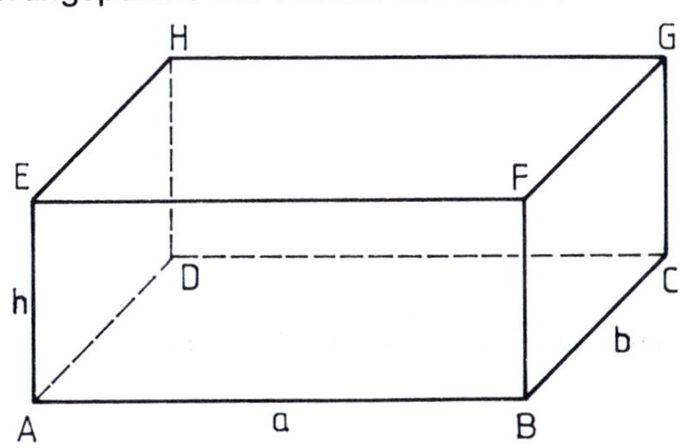

a = 5 cm, b = 4 cm, h = 2 cm

1078 Zeichne das Netz des Prismas und berechne seine Oberfläche!
Miß die zur Berechnung der Oberfläche notwendigen Längen aus der Netzdarstellung ab!

	Grundfläche	Höhe des Prismas
a)	Rechteck, a = 4,7 cm, b = 2,8 cm	h = 4 cm
b)	Raute, a = 3,5 cm, α = 60°	h = 5,5 cm
c)	Gleichschenkeliges Trapez, a = 5,6 cm, b = 2,5 cm, α = 60°	h = 3 cm
d)	Parallelogramm, a = 4,2 cm, h_a = 2 cm, α = 50°	h = 6 cm
e)	Deltoid, e = 6,5 cm, f = 5 cm, α = 140°	h = 2,8 cm
f)	Regelmäßiges Sechseck, s = 3 cm	h = 4,5 cm

1079 Skizze:

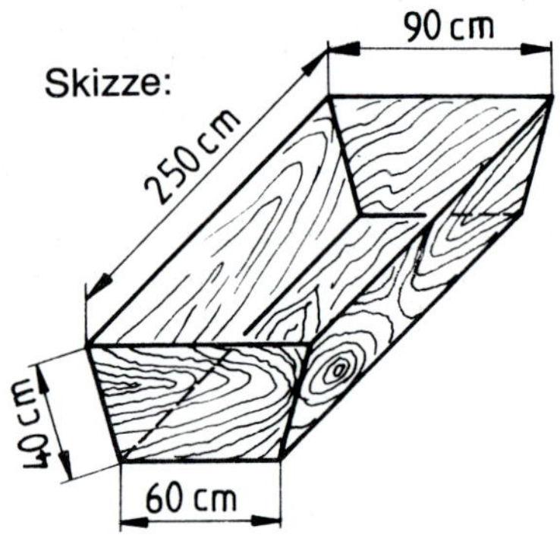

Ein Trog (siehe Skizze) soll innen und außen lackiert werden. Wieviel Dosen Lack benötigt man bei zweimaligem Anstrich, wenn eine Dose für $2\frac{1}{2}$ m² reicht.
Zeichne dazu die trapezförmigen Seitenflächen des Troges im Maßstab M 1 : 10 und ermittle daraus die Höhe des Troges!

1080 Ein Sechskantprofil wird mit einem Rostschutzanstrich versehen. Für 1 m² braucht man 0,8 kg Farbe.
Wieviel m dieses Profils können mit 240 kg Farbe gestrichen werden?

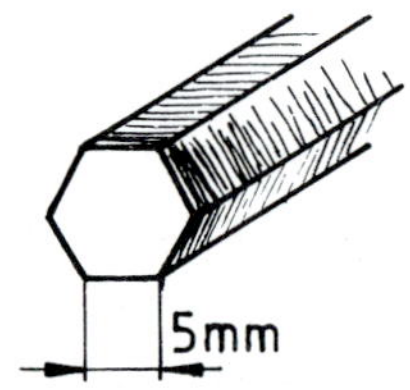

1081 Gib eine Formel für die Oberfläche des Prismas mit dargestellter Grundfläche an!
Verwende dazu die angegebenen Variablen und h als Höhe des Prismas!

a)

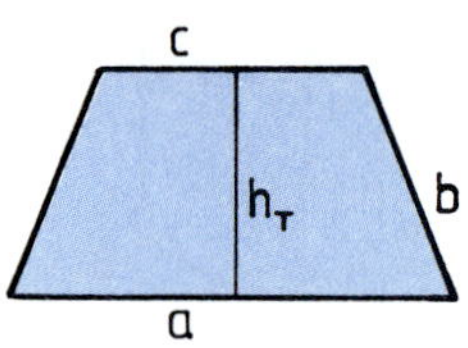

b)

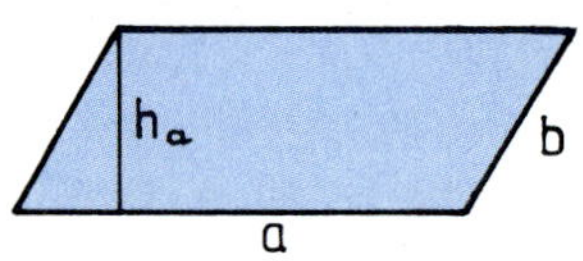

c)

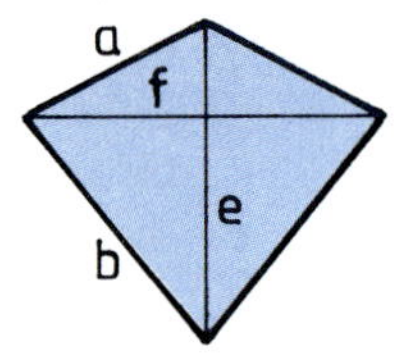

1082 Stelle eine Formel für die Oberfläche des angegebenen Prismas auf!
Welche der unten angeführten Formeln sind ebenfalls richtig? Zeige durch Umformen ihre Gültigkeit!

a)

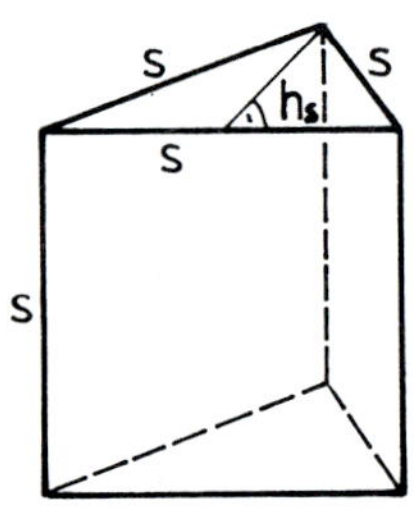

Regelmäßiges dreiseitiges Prisma

b)

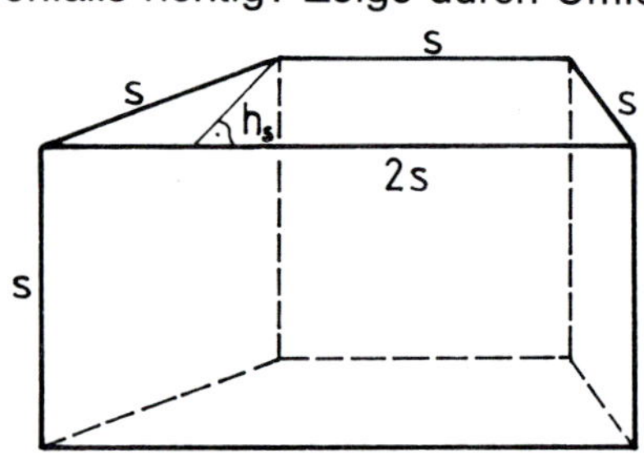

Prisma mit gleichschenkeligem Trapez als Grundfläche

a) O =

① $O = 3s^2 + 3sh_s$
② $O = (s \cdot s + 2h_s) \cdot 3$
③ $O = s \cdot (3s + h_s)$

b) O =

① $O = 5s^2 + 3sh_s$
② $O = s\,(5s + 3h_s)$
③ $O = 3s^2 + 5sh_s$

11.3 Pyramiden

B 1083 Im Anhang sind die Netze von zwei Pyramiden angegeben. Schneide die Netze aus und füge sie zu Pyramiden zusammen!

Um eine Pyramide im Schrägriß zu zeichnen, gehen wir wieder wie beim Prisma vom Grundriß aus. Verfolge den Konstruktionsgang!

Die Grabmäler der alten ägyptischen Könige hatten die Form von Pyramiden.

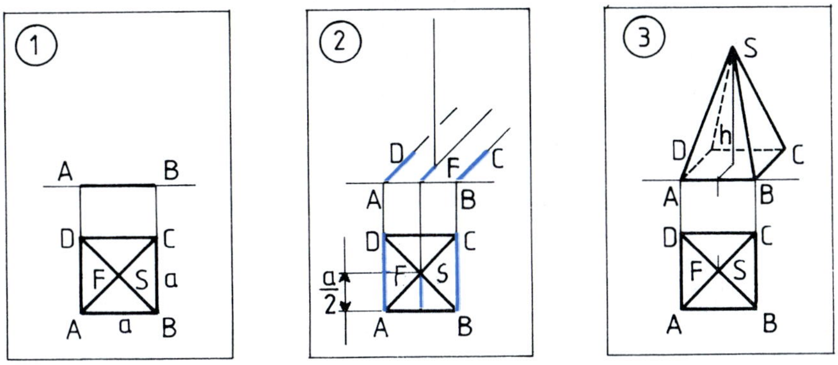

Bemerkung: Den Fußpunkt der Höhe F könnte man hier auch durch den Schnittpunkt der Diagonalen der Grundfläche im Schrägriß erhalten.

B 1084 Stelle die gebastelte Pyramide mit quadratischer Grundfläche links vor dir auf den Tisch!
Zeichne nun entsprechend dem oben gezeigten Konstruktionsgang den Schrägriß dieser Pyramide! (a = 4 cm, h = 5 cm)
Welche Kanten erscheinen im Schrägriß in wahrer Länge?

____

Diese Kanten liegen ________________ zur Zeichenebene.

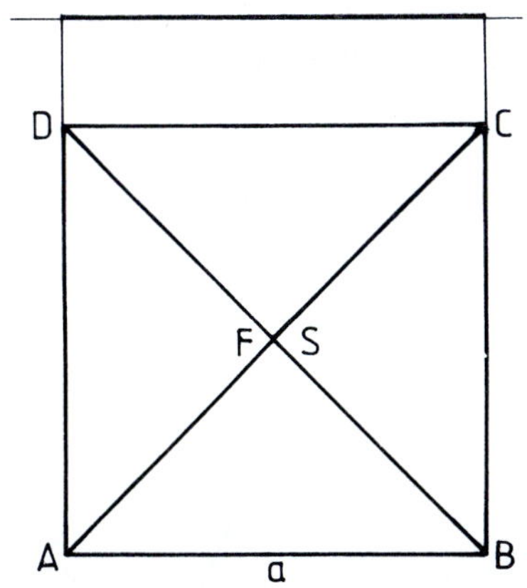

B 1085 Zeichne in deinem Heft die gebastelte Pyramide mit rechteckiger Grundfläche im Schrägriß. Länge des Grundflächenrechtecks $\overline{AB}$ = 5 cm, Breite des Grundflächenrechtecks $\overline{BC}$ = 3 cm, Höhe der Pyramide $\overline{FH}$ = 4 cm.
Stelle die Pyramide links vor dir so auf den Tisch, daß die Kante AB parallel zur Zeichenebene liegt!

B 1086 In den Zeichnungen ① bis ④ sind Schnitte durch eine quadratische Pyramide (a = 2 cm, h = 2,5 cm) dargestellt. Ordne den Schnittflächen ① bis ④ der linken Seite die zugehörigen Figuren der rechten Seite zu. Trag in den Figuren rechts die zugehörigen Nummern ein und färbe die Schnittflächen!

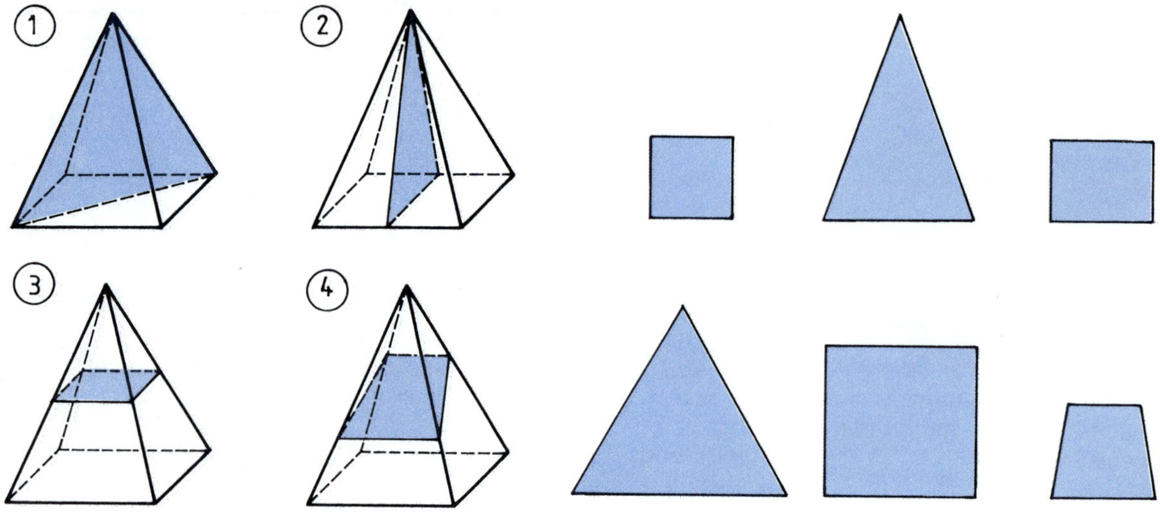

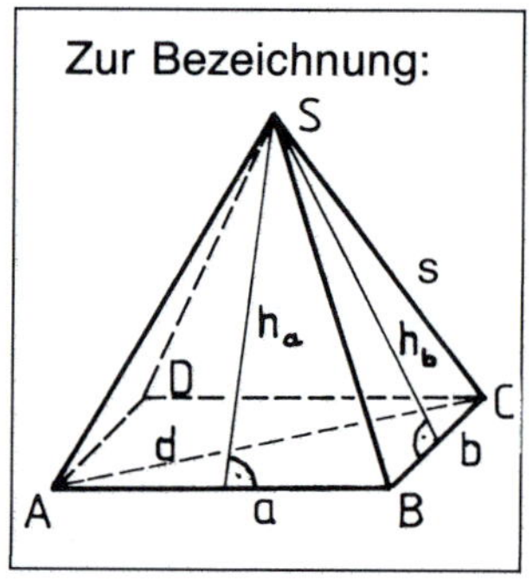

B 1087 Die Dreiecke sind Schnittflächen durch deine Pyramide mit rechteckiger Grundfläche (a = 5 cm, b = 3 cm, h = 4 cm).

a) Zeichne in den darunterliegenden Schrägrissen die entsprechenden Schnittflächen ein und bezeichne sie mit a, b, d, s, h_a und h_b! Überprüfe anhand eines Grundrisses!

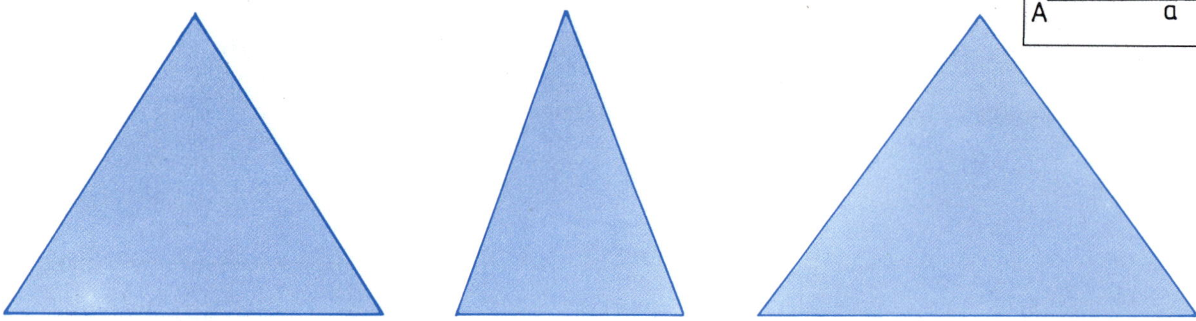

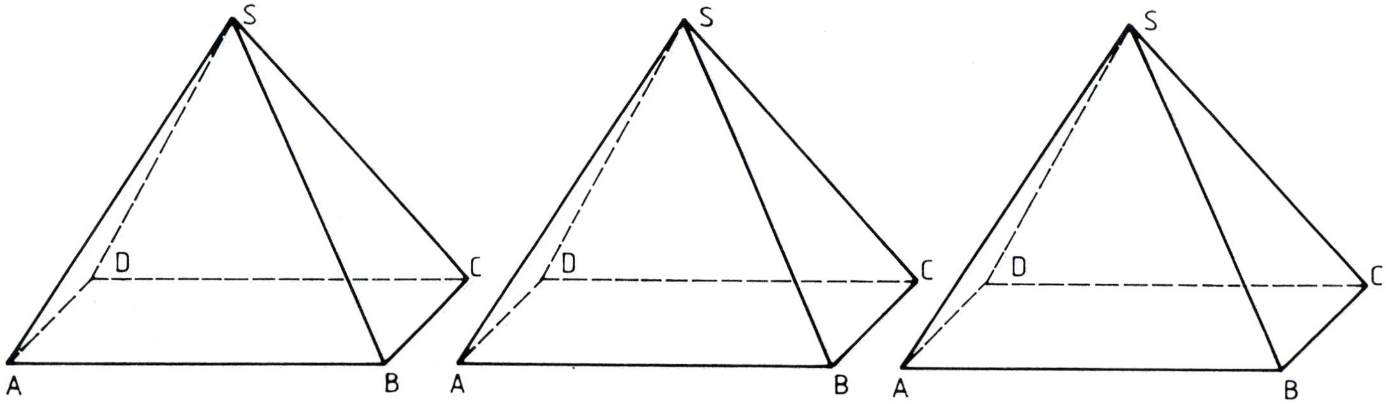

b) Im Schrägriß erscheinen Kanten und Höhen, die nicht parallel zur Zeichenebene verlaufen, verzerrt. Aus geeigneten Schnittflächen lassen sich jedoch die wahren Längen abmessen!

Miß aus den Schnittflächen:

Länge der Pyramidenkante s	
Höhe der linken und rechten Mantelfläche h_b	
Höhe der vorderen bzw. hinteren Mantelfläche h_a	

c) Daneben siehst du das (verkleinerte) Netz unserer Pyramide dargestellt. Gib eine Formel für die Oberfläche der Pyramide an und vereinfache sie so weit, wie möglich!

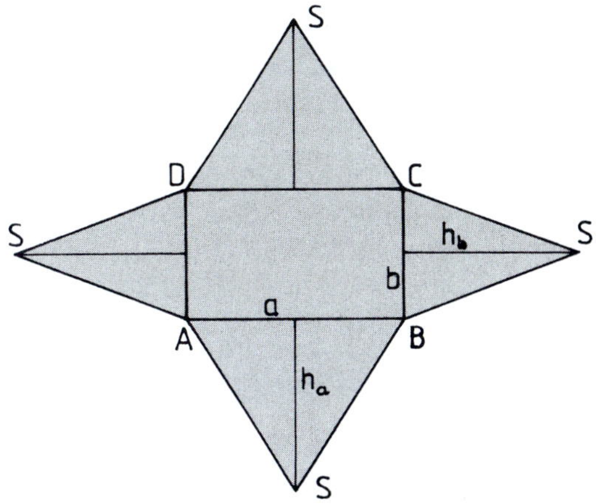

O = G + M

O = a . b + ______

= ______

B 1088

a) Berechne die Oberfläche der Pyramide! Verwende dazu neben den gegebenen Werten (a = 5 cm, b = 3 cm, h = 4 cm) auch die in B 1087 b) gemessenen Höhen!

O = ______

______

b) Auch die Neigungswinkel der Kanten bzw. der Seitenflächen lassen sich aus den Schnitten ablesen. Der Neigungswinkel wird dabei von der Grundfläche weg gemessen!

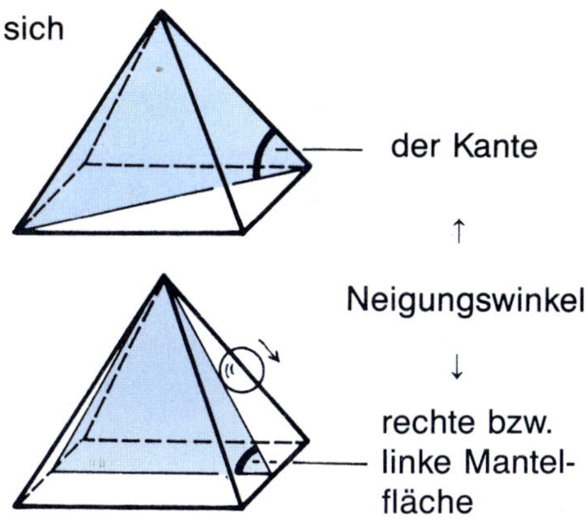

Miß aus den Schnittflächen:

Neigungswinkel der Kanten	
Neigungswinkel der rechten bzw. der linken Mantelfläche	
Neigungswinkel der vorderen bzw. der hinteren Mantelfläche	

B 1089

Math-Hilde hat sechs Streichhölzer zur Verfügung. Sie möchte daraus vier gleichseitige Dreiecke bilden. Kann ihr das gelingen?

Die Grundfläche einer Pyramide muß nicht immer ein Quadrat oder ein Rechteck sein.
Die Grundfläche einer Pyramide kann ein Dreieck, Viereck oder Vieleck sein!
Du siehst daneben die Schrägrißdarstellungen einer dreiseitigen und einer sechsseitigen Pyramide.

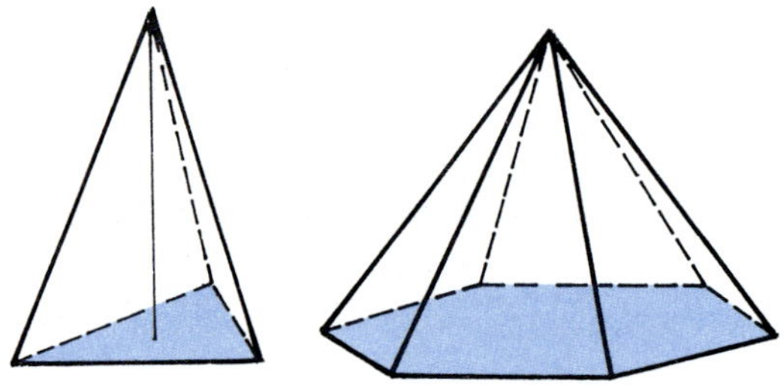

Eine Sonderform einer Pyramide ist das **regelmäßige Tetraeder** (Vierflächner). Das Tetraeder wird von vier gleichseitigen Dreiecken begrenzt. 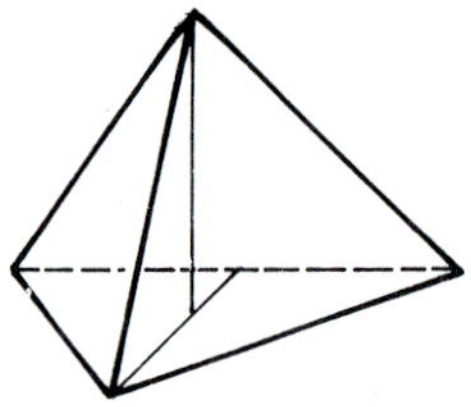	Eine besondere Doppelpyramide ist das **regelmäßige Oktaeder** (Achtflächner). Es besteht aus zwei quadratischen Pyramiden, bei denen alle Kanten gleich lang sind. 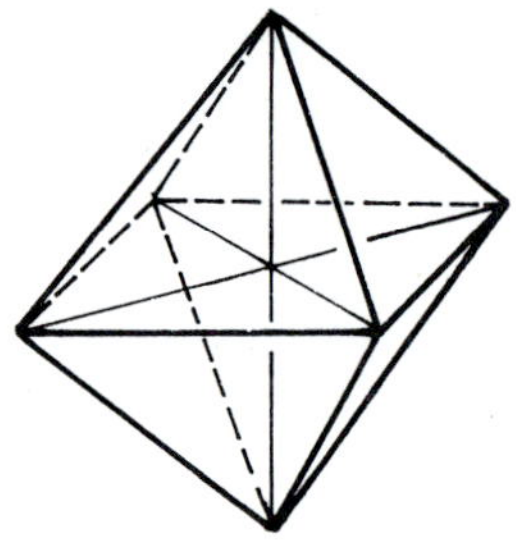

B 1090 a) Zeichne den Schrägriß einer dreiseitigen Pyramide mit einem gleichseitigen Dreieck als Grundfläche. Der Höhenfußpunkt F ist der Mittelpunkt (Umkreismittelpunkt, Höhenschnittpunkt, Inkreismittelpunkt, Schwerpunkt) des gleichseitigen Dreiecks.
Seitenlänge des gleichseitigen Dreiecks: $a = 4$ cm
Höhe der Pyramide: $h = 5{,}5$ cm

b) Zeichne eine Schnittfläche der Pyramide in wahrer Größe, die den Eckpunkt A, die Spitze S der Pyramide und den Höhenfußpunkt F enthält!
Bestimme daraus die Höhe h_a des Mantelflächendreiecks, die Neigung dieser Mantelfläche und den Neigungswinkel der Kanten zur Grundfläche!

Skizze:

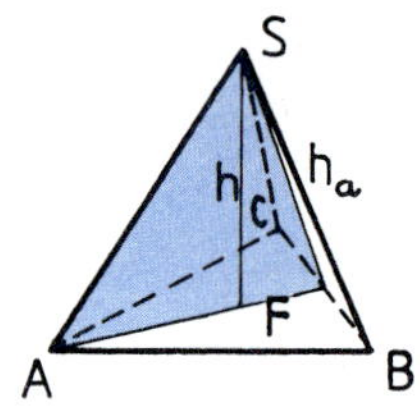

Übungen:

1091 a) Trag in Stichworten die Eigenschaften einer Pyramide ein!

Steckbrief einer Pyramide:

Grundfläche: ______________________

Mantelflächen: ______________________

Der Grundfläche gegenüber liegt die ____________ der Pyramide.

b) Zeichne folgende Pyramide im Schrägriß!

	Grundfläche	Höhe der Pyramide
1)	Quadrat, $a = 4{,}5$ cm	$h = 3{,}2$ cm
2)	Rechteck, $a = 48$ mm, $b = 28$ mm	$h = 65$ mm
3)	Gleichseitiges Dreieck, $a = 52$ mm	$h = 82$ mm
4)	Regelmäßiges Sechseck, $a = 25$ mm	$h = 42$ mm

5) Bestimme die Oberfläche dieser Pyramiden! Miß dazu zuerst aus geeigneten Schnitten die Höhen der Seitenflächen ab!

1092 Zeichne das Netz der Pyramide und berechne ihre Oberfläche!

a) Quadratische Pyramide:
Seitenlänge des Grundflächenquadrates a = 32 mm
Höhe eines Mantelflächendreiecks h = 55 mm

b) Pyramide mit rechteckiger Grundfläche:
Grundflächenrechteck a = 5 cm, b = 3 cm
Höhen der Mantelflächendreiecke h_a = 43 mm, h_b = 47 mm

1093 Verwende in dieser Übung die gebastelte quadratische Pyramide als Anschauungshilfe!
Maße dieser Pyramide: Seitenlänge des Grundflächenquadrates a = 4 cm, Höhe h = 5 cm

a) Zeichne den Schrägriß dieser Pyramide!

b) Zeichne die Schnittfläche ACS in wahrer Größe.
Ebenso die Schnittfläche durch die Halbierungspunkte der Kanten AB und CD und die Spitze S der Pyramide.

c) Miß aus den Schnitten die wahre Länge der Seitenkanten s und die Höhe eines Manteldreieckes h_a!

d) Zeichne das Netz der Pyramide!

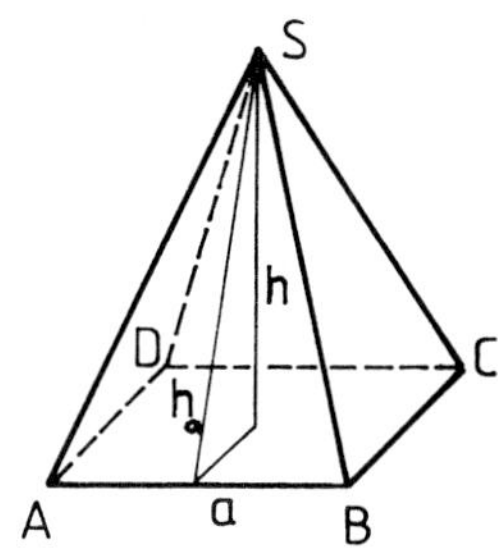

1094 Verwende in dieser Übung die Angabe aus dem vorigen Beispiel.

a) Stelle eine Formel für die Oberfläche einer quadratischen Pyramide auf! Verwende dazu die Variablen a und h_a! Vereinfache diese Formel so weit, wie möglich!

b) Berechne die Oberfläche dieser Pyramide!

c) Bestimme den Neigungswinkel der Seitenkante s zur Grundfläche sowie den Neigungswinkel der Seitenflächen zur Grundfläche aus den Schnitten (Übung 1093 b)!
Wie groß ist der Winkel zwischen den Kanten AS und CS? Zwischen welchen Kanten tritt dieser Winkel noch auf?

1095 Zeichne eine quadratische Pyramide im Schrägriß! Zunächst dünne Linien!
Seitenlänge des Grundflächenquadrats a = 4 cm, Höhe h = 5 cm.
Schneide nun von dieser Pyramide die Spitze ab.
Schneide diese Pyramide in halber Höhe parallel zur Grundfläche und ziehe den verbleibenden Körper — man nennt ihn Pyramidenstumpf — stark nach!
Sind die Seitenkanten des Pyramidenstumpfes auch halb so lang, wie die der ursprünglichen Pyramide? Begründe!

1096

a) Aus welchen Körpergrundformen besteht diese Kapelle?

b) Welchen Neigungswinkel haben die Dachflächen?
Anleitung: Zeichne alle unsichtbaren Kanten sowie die Körperhöhe der Pyramide ein! Du kannst den Neigungswinkel einer geeigneten Schnittfigur entnehmen!

1097 Um die Härte eines Werkstoffes zu prüfen, wird zum Beispiel folgendes Verfahren (Vickers-Härteprüfung) angewandt:
Ein Diamant in Form einer quadratischen Pyramide wird mit bestimmter Kraft auf die Oberfläche des Werkstoffes gedrückt.
Aus der Belastung und aus der Größe der Eindruckstelle wird dann der Härtegrad bestimmt.

a) Von welcher Flächenform wird die Eindruckstelle begrenzt?
b) Wie tief dringt der Diamant in das Material ein, wenn die Seitenlänge der Eindruckstelle 1 mm beträgt?
c) Wie tief dringt der Diamant in das Material ein, wenn die Länge der Diagonalen der Eindruckstelle 0,8 mm beträgt?

Ermittle b) und c) aus einer maßstäblichen Zeichnung geeigneter Schnitte durch die Diamantpyramide!

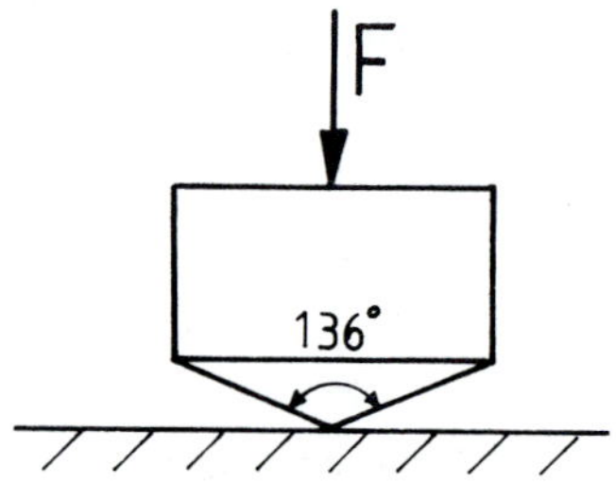

Winkel zwischen zwei Seitenflächen der Diamantpyramide: 136°

1098 Die Cheops-Pyramide *), eine der drei Pyramiden von Gizeh, war ursprünglich 146 m hoch, und eine Seite der quadratischen Grundfläche war 233 m lang. (Heute ist die Cheops-Pyramide 137 m hoch.)
a) Zeichne diese Pyramide im Maßstab M 1 : 2 000 im Schrägriß!
b) Wie groß waren die Neigungswinkel der Seitenflächen bzw. der Seitenkanten der Cheops-Pyramide?

1099 Zeichne ein regelmäßiges Tetraeder mit einer Kantenlänge von 4 cm im Schrägriß! Ermittle dazu zuerst die Höhe des Tetraeders aus einer geeigneten Schnittfläche!
Mach dir eine Skizze, mit deren Hilfe du die geeignete Schnittfläche überlegst!

1100 Zeichne einen Würfel mit einer Kantenlänge von 8 cm im Schrägriß. Die Mittelpunkte der Begrenzungsquadrate des Würfels sind Eckpunkte einer Doppelpyramide. Zeichne diese!
Um welche spezielle Doppelpyramide handelt es sich?

1101 Ermittle aus geeigneten Schnittflächen durch die gegebenen quadratischen Pyramiden:
Liegt ein direktes Verhältnis zwischen der Höhe der Pyramide und dem Neigungswinkel der Seitenflächen vor?

a = 5 cm	a = 5 cm	a = 5 cm
h = 2 cm	h = 4 cm	h = 6 cm
α =	α =	α =

1102 Überlege, in welchem Punkt der Grundfläche die Höhe einer Pyramide ansetzen muß, damit alle Seitenkanten der Pyramide AS, BS, . . . gleich lang sind! Eine solche Pyramide heißt „gerade“ Pyramide.

*) Cheops, ägyptischer König der 4. Dynastie (2551 bis 2528 v. Chr.)

11.4 Volumen von Prismen

Von einem besonderen Prisma, dem Quader, ist uns die Berechnung des Volumens bereits bekannt:

$$V = a \,.\, b \,.\, h$$

bzw.

$$V = G \,.\, h$$

Wir erklären die Formel für das Volumen eines Quaders mit einer Grundfläche von G cm^2 und einer Höhe von h cm:

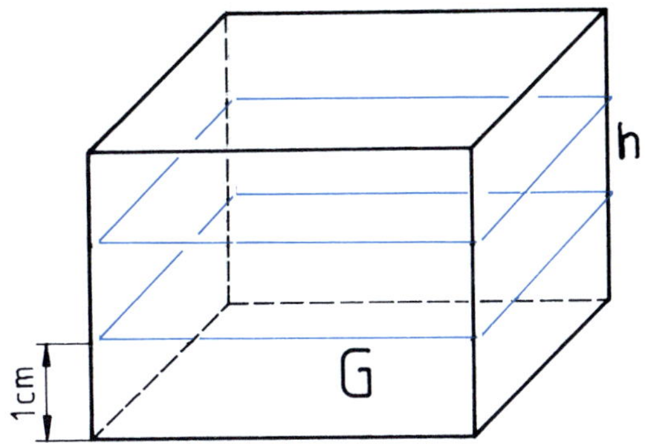

Wir teilen den Quader in Schichten mit 1 cm Höhe. Jede Schicht hat ein Volumen von G cm^3. Wir können h Schichten übereinander legen. Daher beträgt das Quadervolumen:

$$V = G \,.\, h$$

B 1103 Auf dieselbe Art können wir uns den Weg für die Berechnung des Volumens eines Prismas überlegen. Wir betrachten ein Prisma mit einem gleichschenkeligen, rechtwinkeligen Dreieck als Grundfläche.

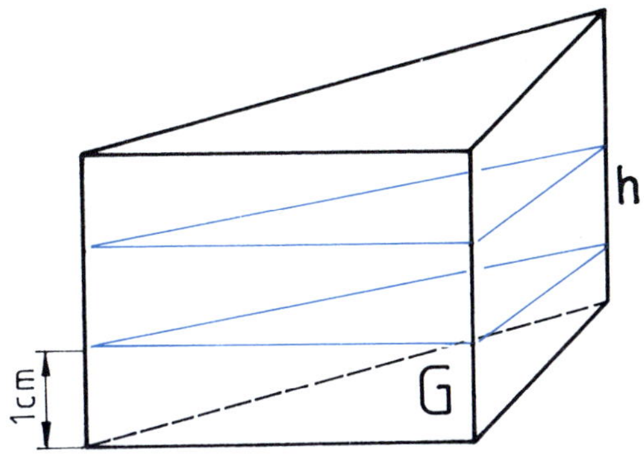

Wir teilen in h Schichten parallel zur Grundfläche. Jede Schicht hat ein Volumen von ______ cm^3. Daher beträgt das Prismenvolumen:

V = ____________

Denselben Weg können wir nun aber auch für jedes beliebige Prisma beschreiten. Wir erhalten immer dasselbe Ergebnis.

Für das Volumen eines Prismas ergibt sich somit:

Volumen eines Prismas = Grundfläche mal Höhe $V = G \,.\, h$

B 1104 Berechne das Volumen eines Prismas mit einem rechtwinkeligen Dreieck als Grundfläche: a = 2,5 cm, b = 1,5 cm, h = 12 cm.

$V = G \,.\, h = \frac{a.b}{2} \cdot h =$ ________________________

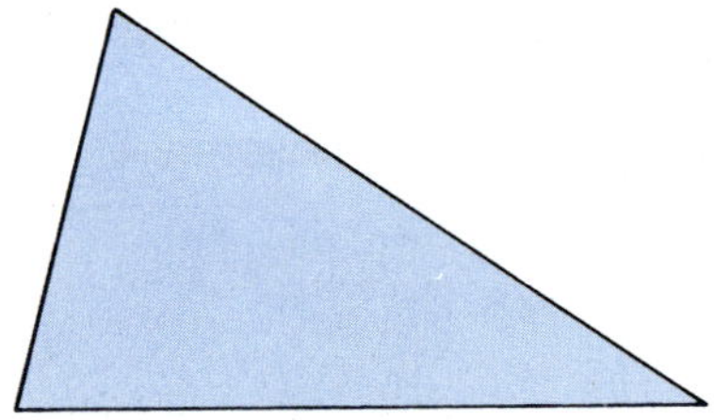

B 1105 Berechne das Volumen eines Prismas mit der Höhe 8 dm, welches das gezeichnete Dreieck als Grundfläche hat.
Miß die zur Berechnung notwendigen Größen ab!

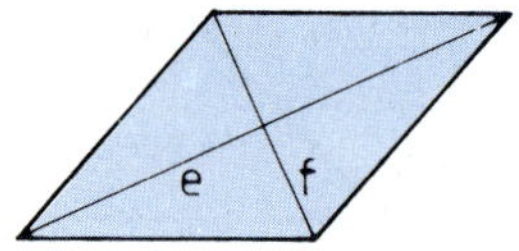

B 1106 Bestimme das Volumen eines Prismas, das eine Raute als Grundfläche hat:
a) Allgemein mit den Variablen e, f, h.
b) Speziell mit e = 2,4 cm, f = 1,8 cm, h = 2,1 cm.

a) V = G . h = ____________________   b) V = ____________________

B 1107 Ein Prisma mit einem rechtwinkeligen Dreieck als Grundfläche ist 5,2 cm hoch und hat ein Volumen von 91 cm^3.
a) Berechne den Flächeninhalt des rechtwinkeligen Dreiecks.
b) Berechne die Seite b des Dreiecks, wenn a = 7 cm ist.
Rechne im Heft!

Übungen:

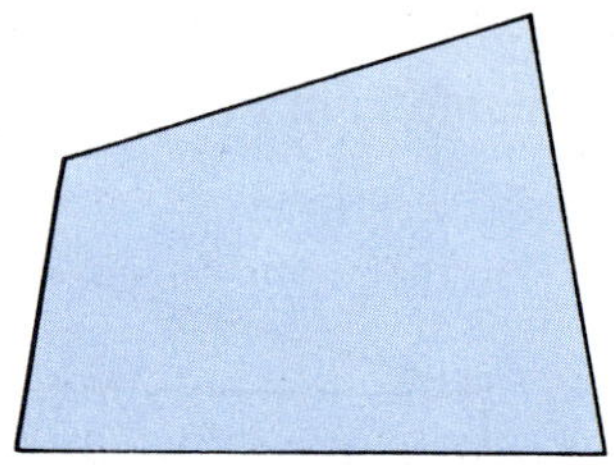

1108 Berechne das Volumen eines Prismas mit dem nebenstehend gezeichneten allgemeinen Viereck als Grundfläche und einer Höhe von 5 cm. (Hinweis: das Viereck ist in wahrer Größe gezeichnet; miß die zur Rechnung notwendigen Größen ab, zerlege in 2 Dreiecke!).

1109 Bestimme das Volumen eines Prismas mit gegebener Grundfläche und Höhe. (Miß zur Rechnung notwendige Größen ab.)

a) h = 2 dm   b) h = 0,54 m   c) h = 3,6 cm   d) h = 34 cm

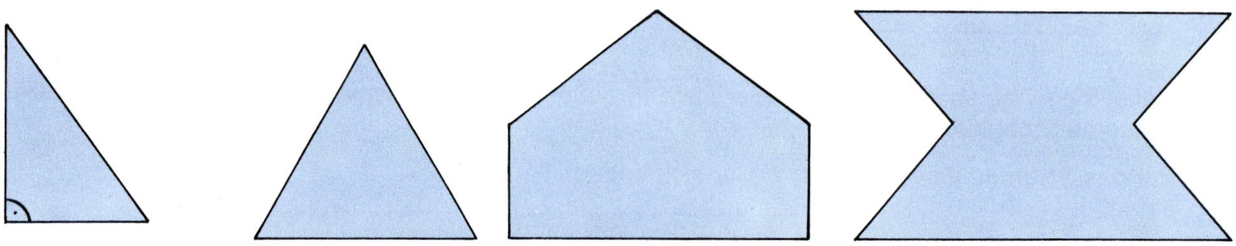

1110 Berechne das Volumen eines Prismas, dessen Grundfläche ein gleichseitiges Dreieck ist:
a) Länge der Grundkante: 5 cm, Höhe: 7 cm
b) Länge der Grundkante: 8,7 dm, Höhe: 4,3 dm

1111 Berechne das Volumen und die Masse einer rechteckigen Fichtenleiste (Dichte von Fichtenholz: 0,5 kg/dm^3).

	a)	b)	c)	d)	e)
Breite	4 cm	2,5 cm	8 cm	4,8 cm	3,1 cm
Dicke	3 cm	1,2 cm	7 cm 8 mm	3 cm 9 mm	2 cm 7 mm
Länge	6 cm	3,7 dm	3 m 7 cm	5,004 m	2 m 4 dm 2 mm

1112 Ermittle die fehlenden Größen eines Prismas mit einem rechtwinkeligen Dreieck als Grundfläche:

	a)	b)	c)	d)	e)
a	3 cm			17 cm	1 m 5 cm
b		4 cm	2 dm 9 cm	0,5 dm	2,4 m
h	5 cm	23 cm	1,5 m		
V	60 cm³	276 cm³	2,61 m³	2,159 dm³	0,63 m³
O					

1113 Wieviel Liter Wasser faßt der in der Skizze dargestellte Trog, wenn er randvoll mit Wasser gefüllt wird?
(Beachte: Vorder- und Hinterflächen stehen normal zur Bodenfläche!)

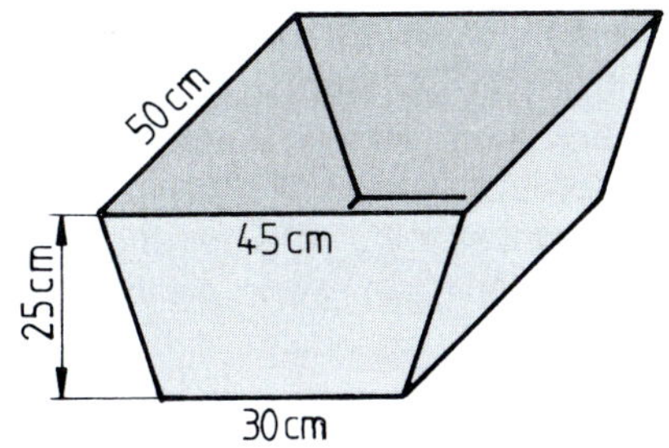

1114 Einige Sorten Schmelzkäse werden in prismenförmigen Verpackungen verkauft.
Berechne das Volumen einer 40-g-Packung, wenn die Verpackung folgende Maße aufweist:
Grundfläche: gleichschenkeliges Dreieck mit c = 5,5 cm und a = 8,5 cm; Höhe: 1,5 cm. (Entnimm die zur Rechnung benötigten Maße einer Zeichnung!)

1115 Um wieviel vergrößert sich das Volumen eines quadratischen Prismas mit der Grundkante a und der Höhe h, wenn man
a) die Grundkante verdoppelt?
b) die Grundfläche verdoppelt?
c) die Höhe verdoppelt?

1116 Eine Blumenvase hat die Form eines regelmäßigen, dreiseitigen Prismas. Die Länge einer Seite der Grundfläche (innen gemessen) beträgt 7 cm.
Berechne die Höhe der Vase, wenn sie, bis zum Rand gefüllt, 1 Liter Wasser faßt.
(Hinweis: Fertige eine Zeichnung an und miß zur Rechnung benötigte Größen ab.)

1117 Der in der Skizze dargestellte Goldbarren soll in einen Barren umgegossen werden, der als Vorderseite ein gleichschenkeliges Dreieck aufweist. Die Länge l und die Breite b sollen dabei unverändert bleiben.
Berechne die Maße des neuen Barrens.
(Fertige vorher eine Skizze des neuen Barrens an!)

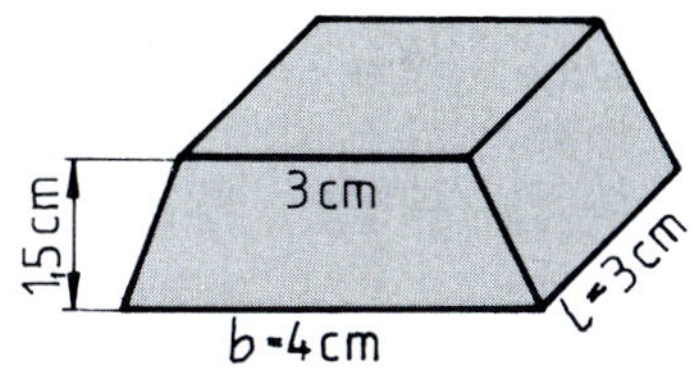

1118 Berechne das Fassungsvermögen des gegebenen Containers:

a)

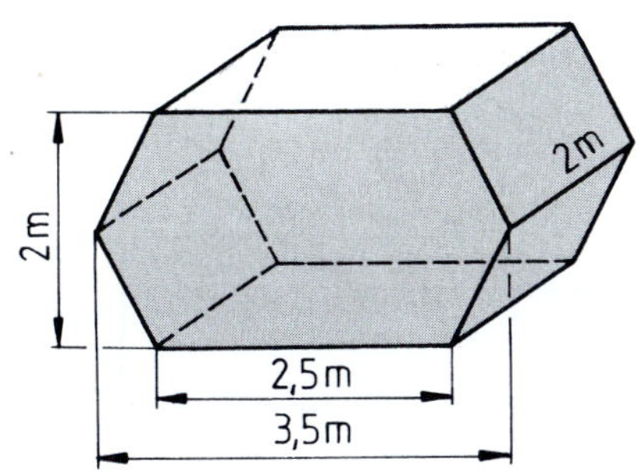

b)

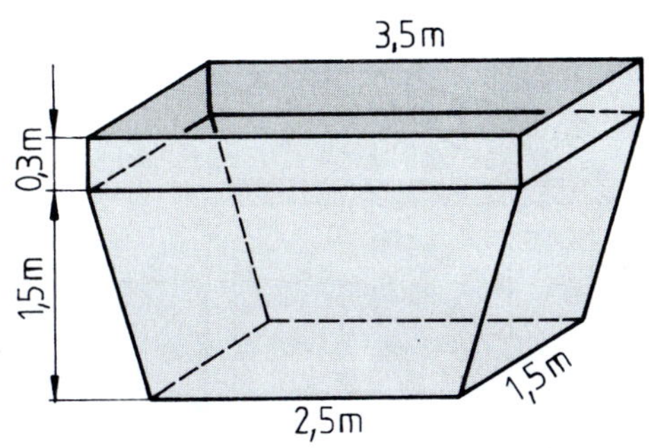

1119 Ein Schwimmbecken ist 50 m lang und 25 m breit.
Die Tiefe kannst du aus der Skizze entnehmen.
Berechne das Wasservolumen, wenn sich der Wasserspiegel 20 cm unter dem Beckenrand befindet.

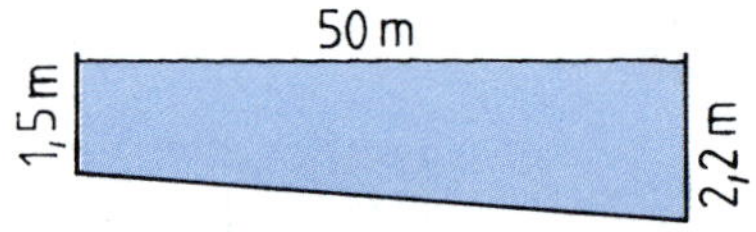

1120 Wie viele Säulen mit sechseckiger Grundfläche (Kantenlänge = 50 cm, Höhe = 2 m) kann man aus 100 m³ Beton herstellen?
(Entnimm die zur Rechnung benötigten Maße einer Zeichnung! Verwende dazu einen geeigneten Maßstab!)

1121 Herr Moritz möchte seine Terrasse (Länge 8 m, Breite 4 m) mit sechseckigen Betonsteinen (Kantenlänge 10 cm, Höhe 6 cm) belegen. Er benötigt 39 Steine pro m².
Berechne, wie oft er mit seinem Kleinlastwagen mit 2 t Nutzlast fahren muß, um die benötigten Steine zu transportieren. (Dichte von Beton: 2 kg/dm³)

1122 Eine Kiste für Streugut soll 1,2 m³ Fassungsvermögen haben.
Berechne die Länge der Kiste, wenn die Breite a mit a) 50 cm, b) 4,7 dm gegeben ist.

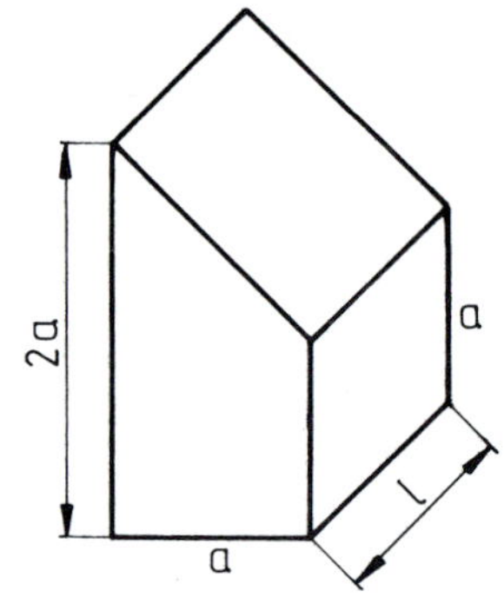

1123 Bestimme das Volumen der abgebildeten Baggerschaufel
a) allgemein mit den Variablen a, b, c.
b) mit a = 4 dm, b = 0,5 m und c = 6,7 dm.

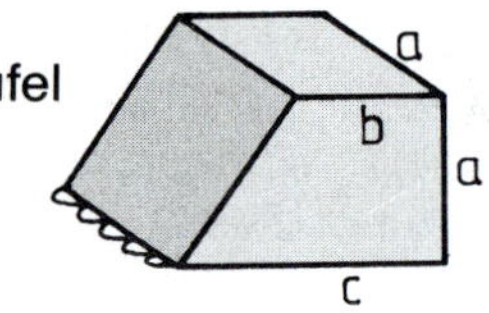

1124 In einem Kanal mit trapezförmigem Querschnitt fließt Wasser mit einer Geschwindigkeit von 5 dm/s.
Berechne, wieviel Liter Wasser in einer Stunde durch die Querschnittfläche fließen.

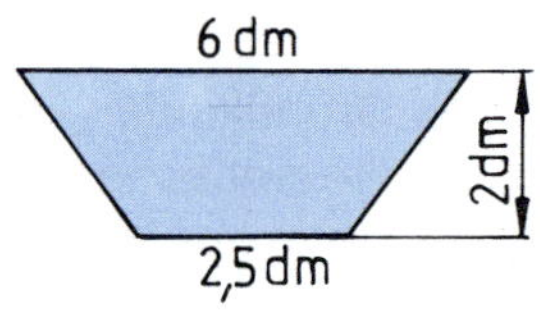

1125 Eine quaderförmige Halle soll in einen Ausstellungsraum umgebaut werden. Dazu wird eine Holzdecke eingezogen. Die Decke wird, wie in nebenstehender Skizze, schräg eingebaut.
a) Berechne das Volumen der Ausstellungshalle (unten!).
b) Auf wieviel Prozent des Gesamtvolumens wurde der Raum verkleinert?

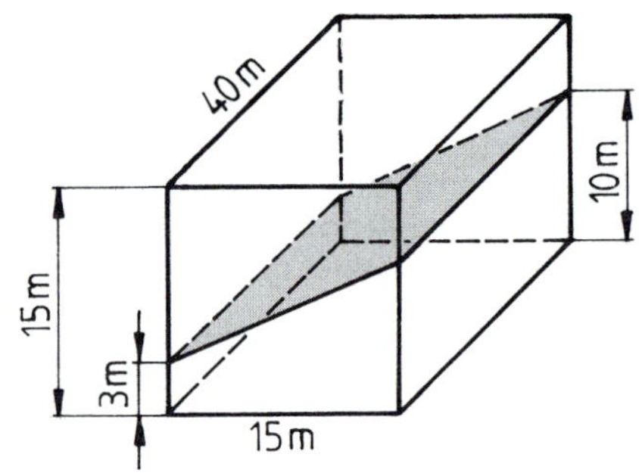

1126 Berechne das Volumen des gegebenen Werkstücks:

a)

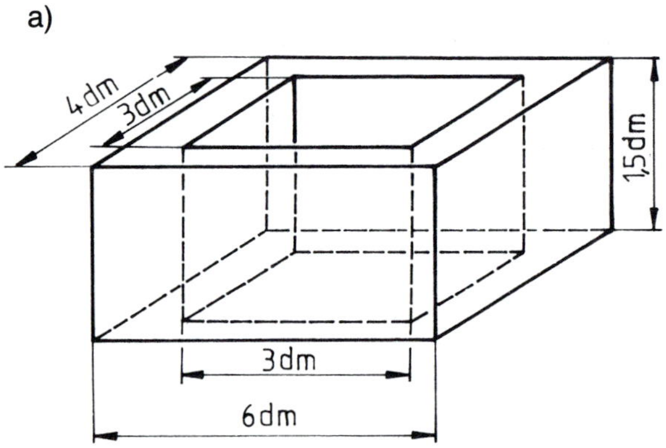

b)

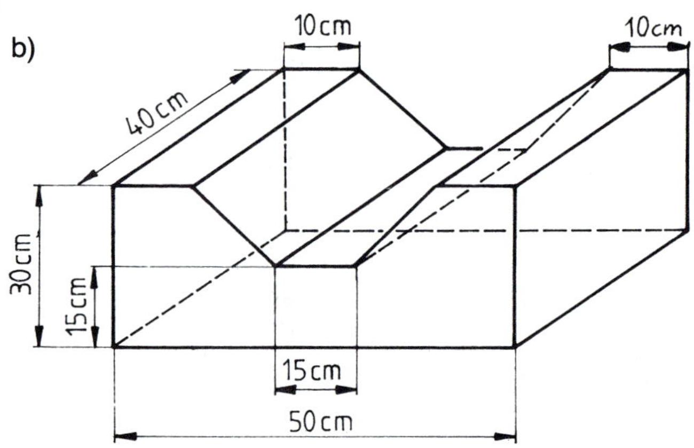

11.5 Volumen von Pyramiden

Die Herleitung des Pyramidenvolumens ist ein schwieriges Problem. Wir bedienen uns daher des Experiments der Wasserverdrängung durch eingetauchte Körper. Dazu betrachten wir eine Pyramide und ein Prisma mit **gleicher Grundfläche** und **gleicher Höhe.**

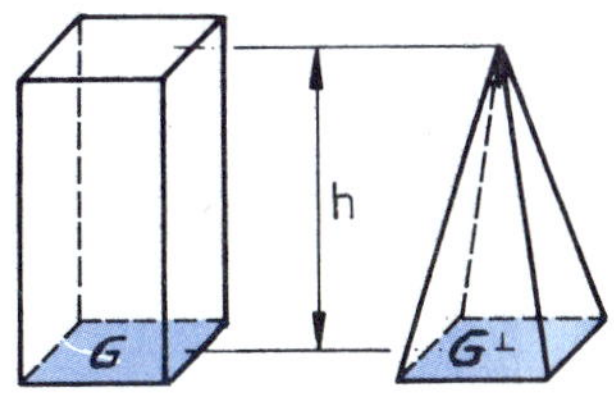

In einem Meßglas befinden sich zunächst 50 ml Wasser.
Lies die Wasserstände nach dem Eintauchen des Quaders und der Pyramide ab. Schreib die Volumina beider Körper auf!

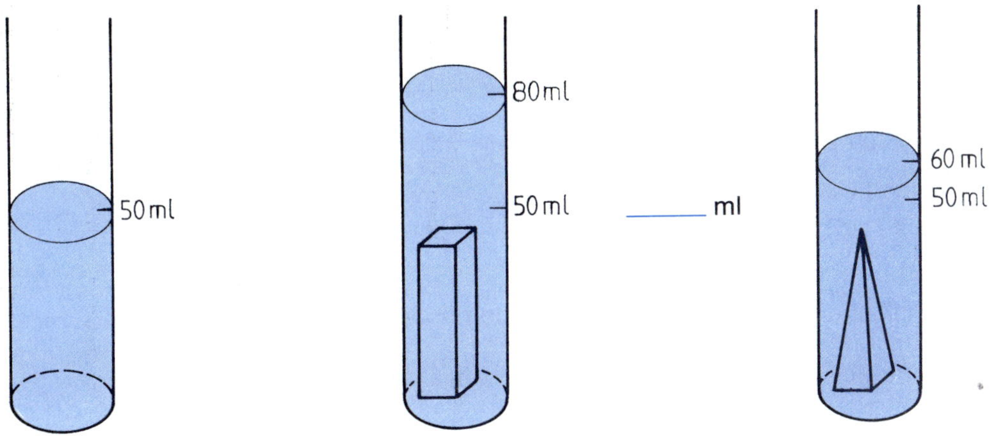

______ ml ______ ml

Du siehst: Das Volumen der Pyramide beträgt $\frac{1}{3}$ des Volumens des Quaders.
Wir können dieses Experiment mit anderen Quadern und Pyramiden, die gleiche Grundfläche und gleiche Höhe haben, beliebig oft wiederholen und kommen immer zum gleichen Ergebnis.

> Volumen Pyramide = Grundfläche mal Höhe durch 3
> $V = \frac{G.h}{3}$

Bemerkung: Mit Mitteln der höheren Mathematik kann man diese Formel genau herleiten!

B 1127 Berechne das Volumen einer Pyramide mit quadratischer Grundfläche mit den Grundkanten a = 5 cm und der Höhe h = 12 cm.

$V = \frac{G.h}{3} = \frac{a^2 . h}{3} =$ ______

B 1128 Berechne das Volumen einer dreiseitigen Pyramide mit den Grundkanten a = 6 cm, b = 5 cm, c = 8 cm und der Höhe h = 12 cm.
Zeichne das Basisdreieck und miß eine Höhe ab!

B 1129 Gegeben ist eine rechteckige Pyramide, die 15 cm lang und 12 cm breit ist und deren Volumen 4,5 dm³ beträgt. Berechne die Höhe der Pyramide.

Das ist eine Umkehraufgabe:

$V = \frac{G.h}{3}$

Wir setzen die Zahlenwerte ein:

$4500 = \frac{15 . 12 . h}{3}$

$4500 = 60 . h$

h = ______

Wir können aber auch zuerst eine Formel für h herleiten:

$V = \frac{G.h}{3}$

$3 . V = G . h$

$\frac{3.V}{G} = h$

h = ______

B 1130 Wenn wir in einem Würfel mit der Seitenlänge a die Raumdiagonalen einzeichnen, so zerfällt dieser in sechs gleiche quadratische Pyramiden.
Folgende Darstellung soll dies veranschaulichen:

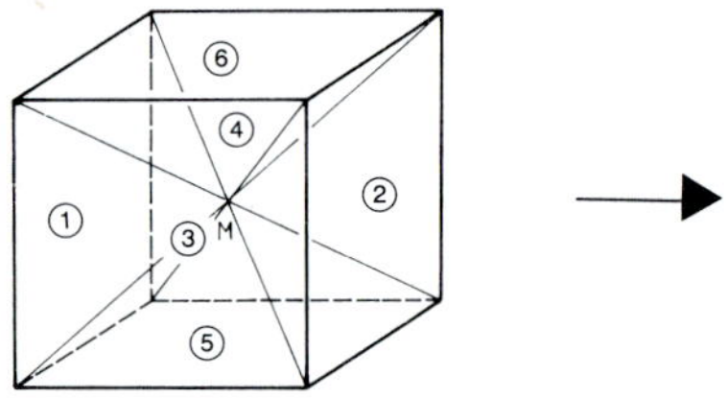

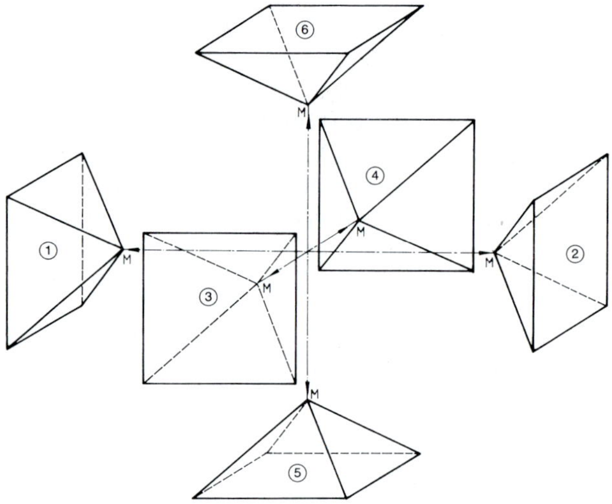

Volumen des Würfels: $V_w = a^3$
Daher ist das Volumen einer Pyramide: $V_p = \frac{a^3}{6}$

Wir können aber auch mit der Formel überlegen:

$$V_p = \frac{G.h}{3} = \frac{a^2 \cdot \frac{a}{2}}{3} = \_\_\_\_\_\_\_\_\_\_$$

B 1131 Berechne den Rauminhalt einer quadratischen Pyramide mit den Grundkanten a = 4 cm und den Seitenkanten s = 8 cm.
Zeichne die schraffierte Schnittfigur in wahrer Größe und miß daraus die Körperhöhe h!

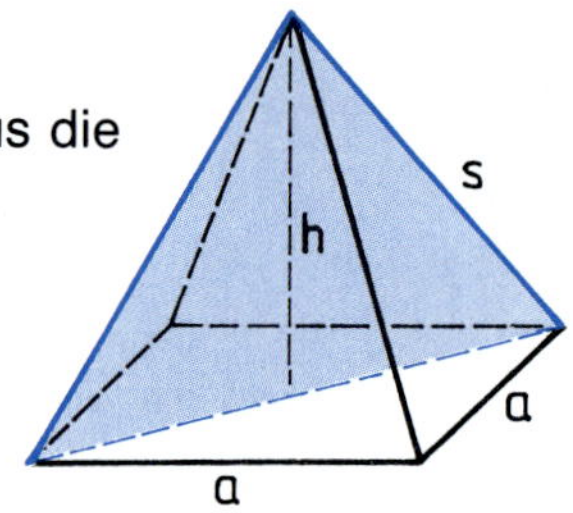

Übungen:

1132 Berechne das Volumen der gegebenen quadratischen Pyramide:

	a)	b)	c)	d)	e)
a	5 cm	7,4 cm	8,5 cm	4 dm 2 cm	67 mm
h	6 cm	8,9 cm	40,7 cm	6,7 m	33 mm

1133 Berechne das Volumen der gegebenen rechteckigen Pyramide:

	a)	b)	c)	d)	e)
a	4 cm	3,6 cm	6,4 dm	5 cm 6 mm	9 cm
b	3 cm	5,9 cm	5 dm 4 cm	4,1 cm	1 dm 8 mm
h	6 cm	8,5 cm	12,4 cm	7 cm 5 mm	8,3 dm

1134 Berechne das Volumen der Pyramide mit gegebener Grundfläche und Höhe.
Miß zur Rechnung nötige Größen aus der Zeichnung ab. (Höhe = 5 cm)

a)
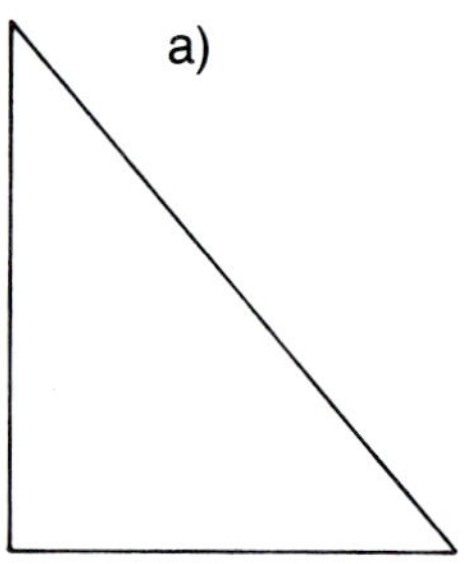

b)
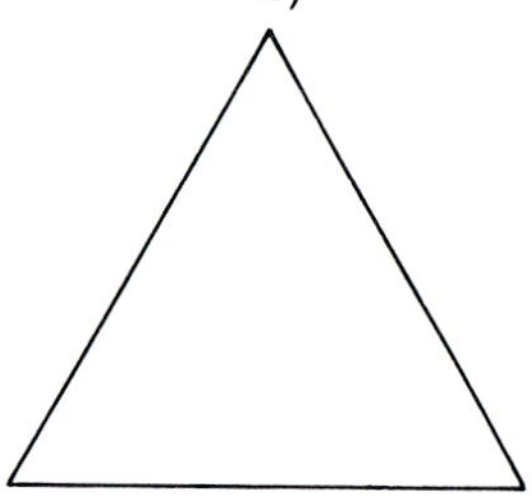

c)
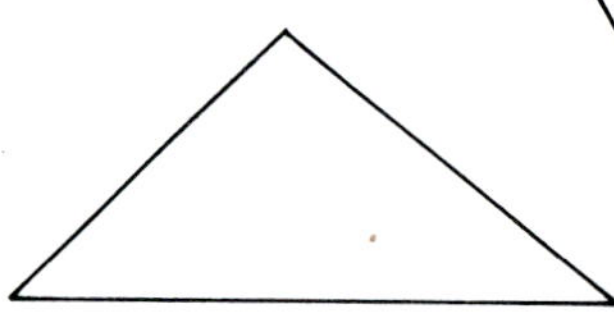

d)
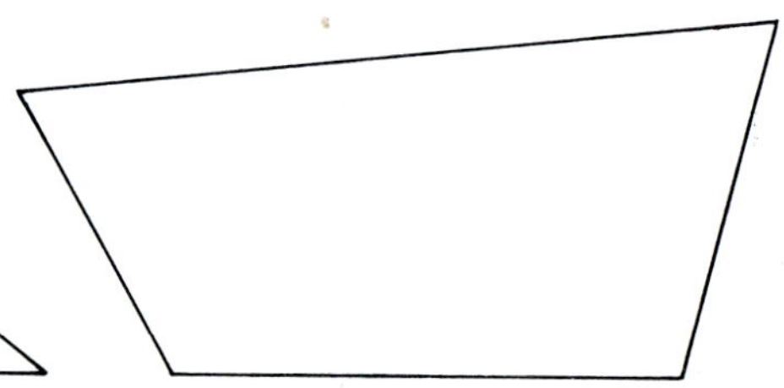

1135 Ein Wassertrichter hat die Form einer quadratischen Pyramide.
Die obere Kantenlänge beträgt 40 cm, die Tiefe 6 dm.
a) Berechne, wieviel Liter Wasser der Trichter faßt.
b) Berechne, wieviel Liter Wasser sich im Trichter befinden, wenn die Wassertiefe 51 cm beträgt.

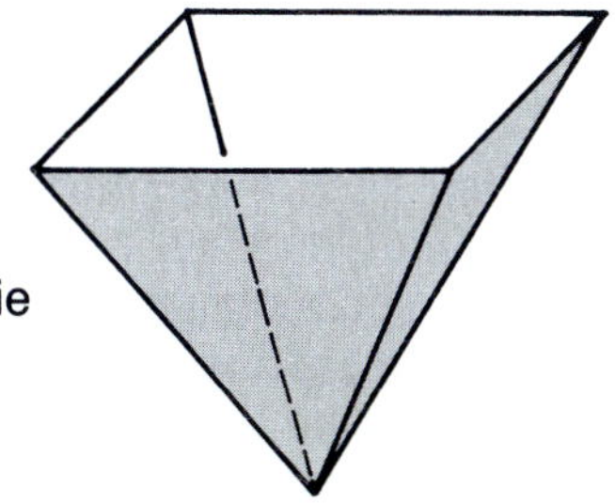

1136 Das Dach eines Turms hat die Form einer sechsseitigen Pyramide. Die Kantenlänge des Sechseckes beträgt 6 m, die Dachhöhe 7 m. Berechne das umbaute Volumen!
Entnimm die für die Rechnung benötigten Maße einer Zeichnung (Maßstab!).

1137 Ein Zelt hat die Form eines Quaders mit aufgesetzter Pyramide.
Berechne das Zeltvolumen.

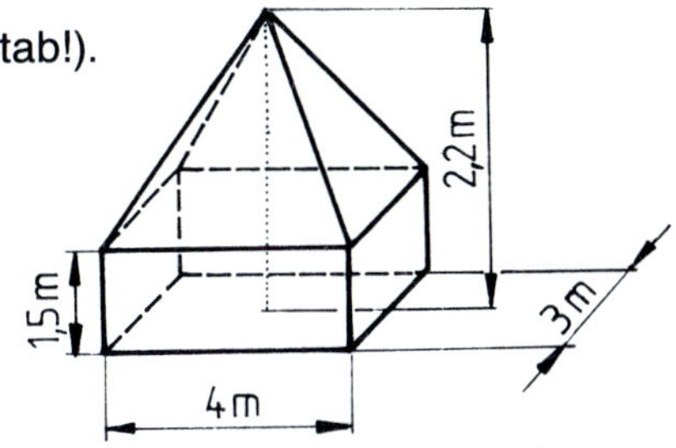

1138 Wie hoch muß eine quadratische Pyramide mit der Grundkante a = 12 cm sein, wenn sie ein Volumen von a) 480 cm³, b) 1 dm³ haben soll?

1139 Berechne die fehlenden Bestimmungsstücke der Pyramide mit rechteckiger Grundfläche:

	a)	b)	c)	d)	e)
a		2,7 dm	4 dm 6 cm		3,4 cm
b	3 cm	0,8 dm		5 cm	
h	8 cm		3,08 m	4,5 cm	9, 2 dm
V	120 cm³	16,2 dm³	3,542 m³	240 cm³	15,64 cm³

1140 Eine quadratische Pyramide hat eine Seitenkante von s = 5 cm und
a) eine Höhe von 4 cm.
b) eine Grundkante von 5 cm.
Berechne ihr Volumen! (Schnittzeichnung!)

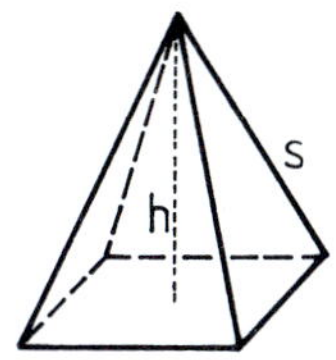

1141 Ein Wohnblock ist 60 m lang, 15 m breit und 22 m hoch. Berechne:
a) wie oft das Volumen des Wohnblocks in dem der Cheops-Pyramide (Höhe 146 m, Seitenlänge der quadratischen Grundfläche 233 m) enthalten ist.
b) wie oft dein Zimmer in die Cheops-Pyramide paßt (Volumen vergleichen).

1142 Berechne, wieviel Kubikmeter Beton zum Betonieren der in der Zeichnung dargestellten Säule notwendig sind.

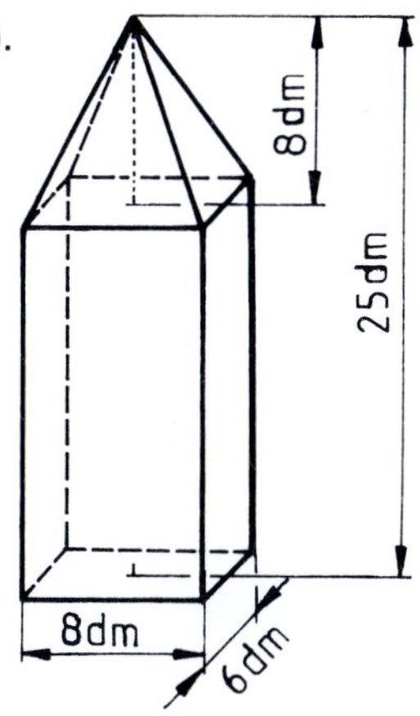

1143 Gegeben sind zwei quadratische Pyramiden: Die erste hat die Maße:
Grundkante = 4 cm, Höhe = 7 cm;
die zweite Pyramide hat doppelt so lange Grundkanten und
a) gleiche Höhe.
b) doppelt so große Höhe.
In welchem Verhältnis stehen die Volumina?
Kannst du auch an Hand der Formel $V = \frac{a^2 \cdot h}{3}$ begründen?

1144 Hier wird eine Methode vorgeführt, wie man das Volumen einer quadratischen Pyramide (a = 10 cm, h = 10 cm) durch jenes von quadratischen Prismen annähernd berechnen kann (Zeichnung).
Jedes dieser Prismen ist 2 cm hoch und ragt in seiner oberen Hälfte zum Teil aus der Pyramide heraus („Stufenpyramide").
a) Berechne einen Näherungswert für das Pyramidenvolumen mit Hilfe aller 5 Prismen. (Miß die Grundkanten ab!)
Vergleiche mit dem tatsächlichen Volumen!
b) Verwendet man dünnere Platten, so wird das errechnete Volumen genauer. Nimm jetzt statt 5 Platten 10 Platten der Stärke 1 cm an (bei gleichem Konstruktionsprinzip) und berechne einen Näherungswert des Pyramidenvolumens.
Zeige, daß dieser besser ist als der unter a) errechnete!
Geh davon aus, daß die unterste Platte eine Grundkante von 9,5 cm hat!

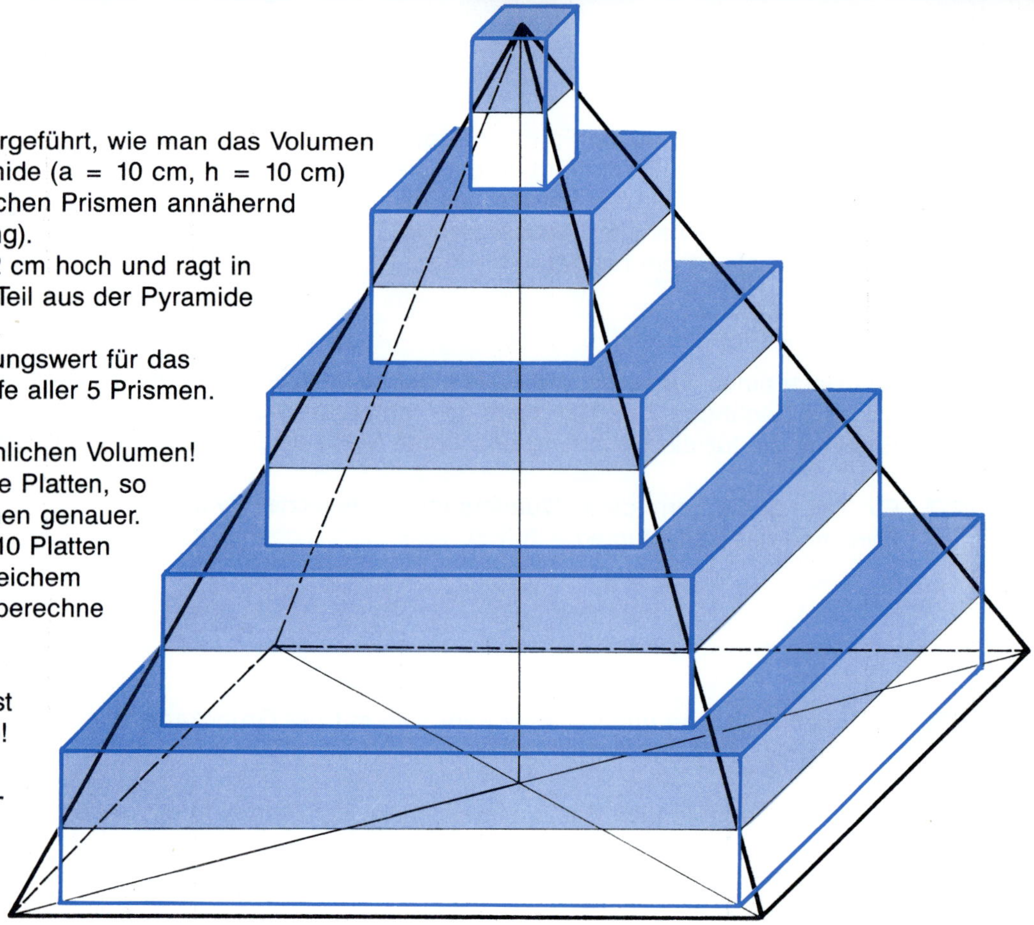

1145 Berechne den Rauminhalt des gegebenen Körpers:

a)

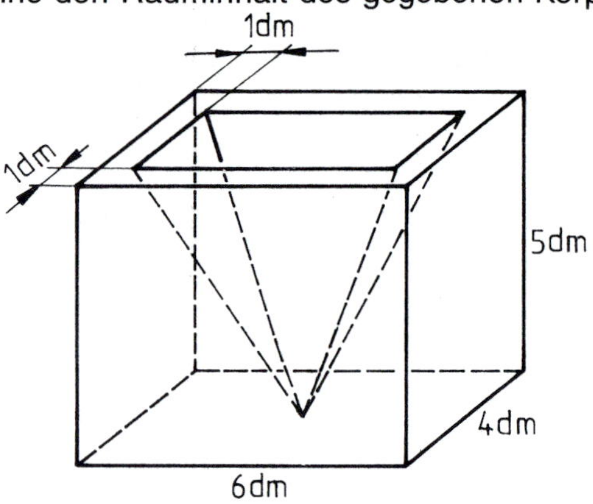

b)

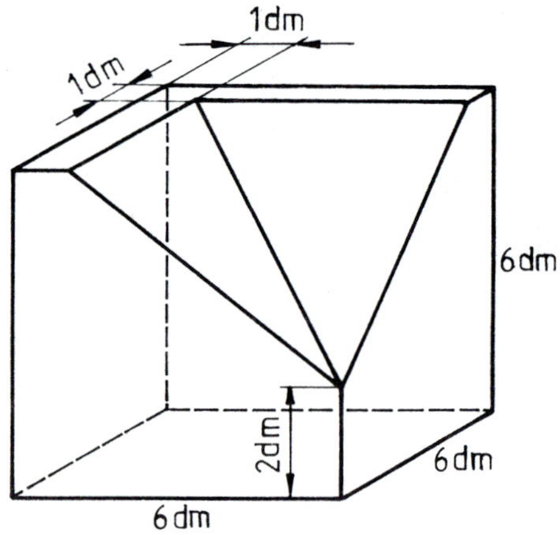

1146 Eine Pyramide wird in der Mitte der Körperhöhe parallel zur Grundfläche geschnitten.
In welchem Verhältnis stehen die beiden Volumina?
Überlege anhand der Ähnlichkeit, wie groß die Grundfläche der oberen Pyramide ist.

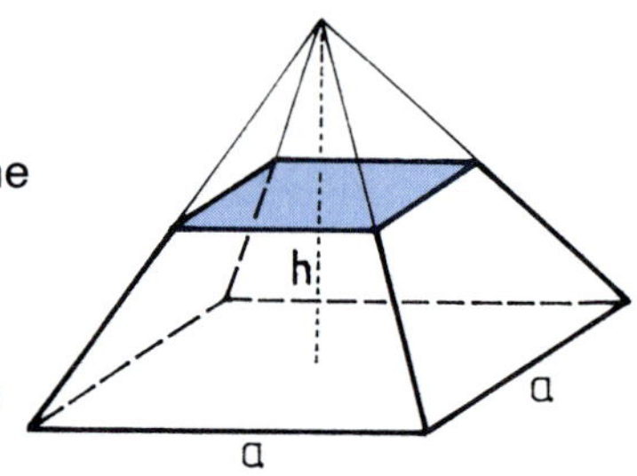

ZUSAMMENFASSUNG

	Prisma	Pyramide
Oberfläche	O = 2 . G + M	O = G + M
Volumen	V = G . h	$V = \frac{G.h}{3}$

12 Sachthemen

12.1 Rund ums Auto

Geschwindigkeiten

B 1147 Herr Treter schafft mit seinem Auto die 100 km lange Strecke von Linz nach Bad Ischl in $1\frac{1}{4}$ h.
Welche Durchschnittsgeschwindigkeit fährt er?

Beachte: Die Geschwindigkeit gibt an, welcher Weg in 1 Stunde zurückgelegt wird.

	Zeit (in h)	Weg (in km)	
$:1\frac{1}{4}$ ↓	$1\frac{1}{4}$	100	↓ $:1\frac{1}{4}$
	1	x	
		x = 100 : 1,25 = ______	

Allgemein:

	Zeit	Weg	
: t ↓	t	s	↓ : t
	1	$\frac{s}{t}$	

$v = \frac{s}{t}$

Geschwindigkeit = $\frac{\text{zurückgelegter Weg}}{\text{dazu benötigte Zeit}}$

Die Geschwindigkeit wird in verschiedenen Maßeinheiten gemessen:

Auto (in Österreich)	km/h	Kilometer pro Stunde
Auto (in USA)	mph	miles per hour
Technik — Physik	m/s	Meter pro Sekunde

Beachte: Die Schreibweise km/h bedeutet $\frac{km}{h}$ (Quotient von km und h)!

Da man sich in vielen Fällen bei einer Geschwindigkeitsangabe in m/s wenig vorstellen kann, rechnet man oft in die geläufigere Einheit km/h um.
Für die Umrechnung von einer Einheit in die andere wollen wir nun eine Formel herleiten:

$$1\,\frac{km}{h} = \frac{1\,km}{1\,h} = \frac{1\,000\,m}{3\,600\,s} = \frac{1\,m}{3{,}6\,s} = \frac{1}{3{,}6}\,\frac{m}{s}$$

also gilt umgekehrt:

1 m/s = 3,6 km/h

Wenn du von m/s auf km/h umrechnen willst, brauchst du nur mit 3,6 zu multiplizieren!

B 1148 a) Ein Auto legt beim Start innerhalb der ersten 10 s eine Strecke von 150 m zurück.
Welche durchschnittliche Geschwindigkeit hat es dabei?

$v = \frac{150\,m}{10\,s}$ = ______ m/s = ______ km/h

b) Welche Nachteile bringt ein an Kreuzungen oft zu beobachtender Start mit „quietschenden Reifen?“

B 1149 Rechne die angegebenen Geschwindigkeiten in m/s um und runde!

40 km/h = ______ m/s   Zulässige Höchstgeschwindigkeit für Mofas

50 km/h = ______ m/s   Zulässige Höchstgeschwindigkeit im Ortsgebiet

130 km/h = ______ m/s   Zulässige Höchstgeschwindigkeit auf Autobahnen

Aus der Formel für die Geschwindigkeit $v = \frac{s}{t}$ kann man durch Umformen eine Formel für den zurückgelegten Weg gewinnen:

$v = \frac{s}{t}$ → **$s = v \cdot t$**

Weg = Geschwindigkeit . Zeit

B 1150 Ein Auto fährt mit einer Durchschnittsgeschwindigkeit von 60 km/h.

a) Welchen Weg legt es in 1 h, $\frac{1}{4}$ h, $\frac{1}{2}$ h, $1\frac{1}{2}$ h zurück?
Trag die Werte in die angegebene Tabelle ein!
Was wird dabei vorausgesetzt? Trifft das immer zu?

b) Zeichne die Wertepaare der Tabelle als Punkte in das Diagramm ein und verbinde die Punkte!

c) Gib auch eine Formel an, mit der du zu einzelnen Zeiten die zugehörigen Wege berechnen kannst!

t (in h)	s (in km)
1	
$\frac{1}{4}$	
$\frac{1}{2}$	
$1\frac{1}{2}$	

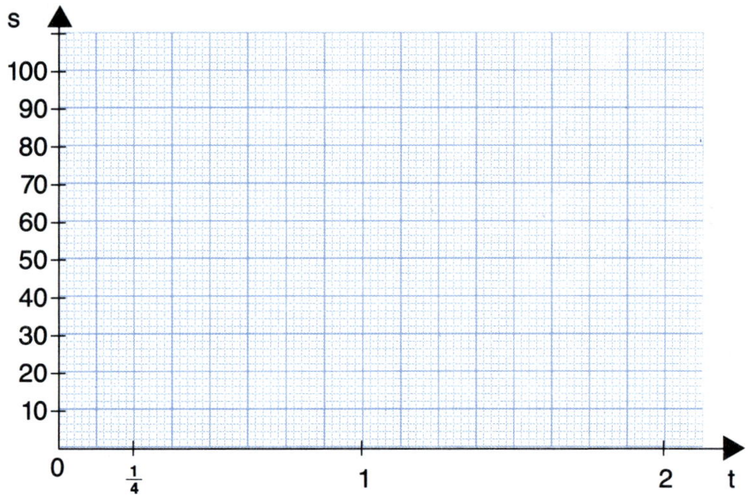

Übungen:

1151 Ein Auto braucht für die Strecke Linz — Innsbruck (300 km auf der Autobahn) $2\frac{1}{2}$ h. Liegt die Durchschnittsgeschwindigkeit unter der höchstzulässigen auf Autobahnen?

1152 Max ist stolz, mit 12 Jahren neben dem Fahrzeuglenker sitzen zu dürfen.
Während einer Autobahnfahrt möchte er die Anzeige des Tachometers von 120 km/h überprüfen. Er macht das so: Er mißt mit seiner Stoppuhr die Zeit, die zwischen dem Vorbeifahren an zwei Kilometerschildern am Autobahnrand vergeht.
Von Kilometer 195 bis Kilometer 196,5 sind es genau 45 s. Stimmt die Geschwindigkeitsangabe der Tachometernadel?

1153 a) Ein Auto fährt doppelt so schnell wie ein Mofa. Der Mofa-Fahrer hat 20 km, der Autofahrer 50 km weit zu fahren. Wer wird länger unterwegs sein?
b) Du kennst sicher die für Mofas erlaubte Höchstgeschwindigkeit.
c) Es gibt viele Möglichkeiten, Mofas zu „frisieren“. Nahezu immer sind diese Eingriffe unzulässig. Welche Vorteile verspricht sich der Mofafahrer, welche Nachteile haben diese Veränderungen für die Maschine?

1154 a) Herr Berger fährt um 8.30 in Wien ab und möchte zu einem Termin um 10.30 in Linz sein. Für die Zufahrt zur bzw. Abfahrt von der Autobahn rechnet er mit insgesamt 15 Minuten. Für die ersten 20 Autobahnkilometer benötigt er wegen eines Verkehrsstaus bereits eine halbe Stunde. Kann er, wenn er nachher ungehindert mit einer Geschwindigkeit von 130 km/h weiterfahren kann, noch rechtzeitig in Linz eintreffen? (Autobahnauffahrt Wien — Autobahnabfahrt Linz: 170 km).
b) Wo wird man über Staus informiert, wann treten sie gehäuft auf?
Gibt es Möglichkeiten, Staus auszuweichen?

1155 **Grünblinkphase:**

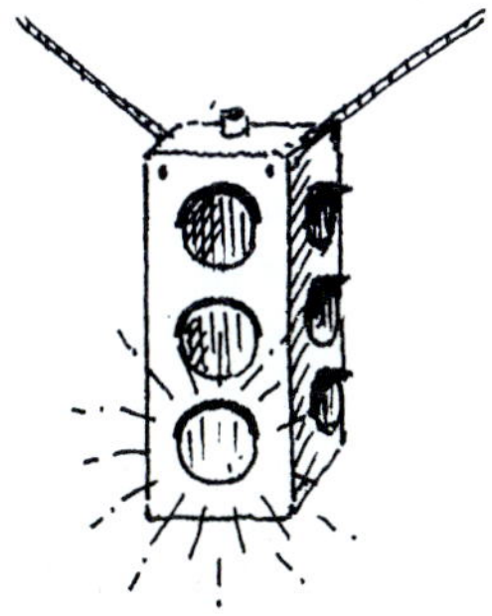

a) Wie weit darf ein Auto bei 50 km/h zu Beginn der Grünblinkphase von einer Kreuzung maximal entfernt sein, um noch vor Umschalten auf Orange in die Kreuzung einfahren zu können, wenn die Grünblinkphase 4 s dauert?
b) Auf einer Straße darf mit 70 km/h gefahren werden. Ein Auto ist zu Beginn der Grünblinkphase noch 100 m von einer Kreuzung entfernt. Der Fahrer bremst. Hätte er ohne Geschwindigkeitsüberschreitung die Einfahrt in die Kreuzung noch geschafft?

1156

a) Bei einem Grand Prix passiert das Auto des Siegers genau $\frac{1}{2}$ s vor dem zweiten die Ziellinie. Wieviel Meter Vorsprung bedeutet das, wenn die Geschwindigkeit zu diesem Zeitpunkt 220 km/h beträgt?
b) Wieviel Sekunden liegt der Sieger vor dem Zweiten, wenn der Abstand der beiden Autos 3 m beträgt und das Ziel mit 200 km/h passiert wird?
c) Fallen dir einige bekannte österreichische Grand Prix-Piloten ein?
d) Wo finden in Österreich Grand Prix-Rennen (Formel 1) statt?

Bremsen eines Autos

Vom Erkennen einer Gefahr bis zur Betätigung der Bremsen vergeht ungefähr 1 s.
Diese Zeit wird auch **Reaktionszeit** genannt. Es dauert dann — je nach Geschwindigkeit — noch eine weitere Zeit, bis das Auto zum Stillstand kommt (**Bremszeit**).
Die folgende Zeichnung veranschaulicht dir das Reaktions- und Bremsmanöver:

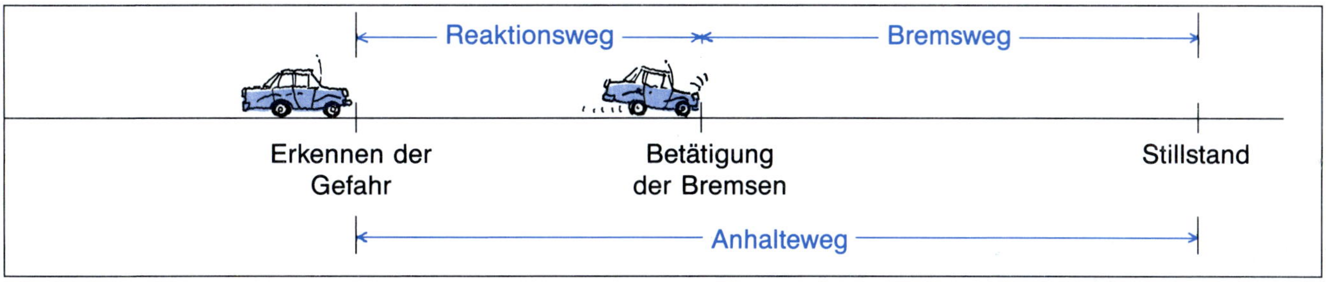

Wir wollen eine einfache Faustregel für den Reaktionsweg herleiten:
Dazu müssen wir den Weg berechnen, den ein Auto bei einer Geschwindigkeit von v km/h in 1 s zurücklegt:

Beachte:
v km = (1 000 . v) m

	t (in s)	s (in m)	
	3 600	1 000 . v	
: 3 600 ↓			↓ : 3 600
	1	$\frac{1\,000 \cdot v}{3\,600}$	

$$\frac{1\,000 \cdot v}{3\,600} = \frac{v}{3{,}6} = \frac{v \cdot 3}{10{,}8} \approx \frac{v \cdot 3}{10}$$

(Zähler und Nenner jeweils $\cdot 3$)

Damit ergibt sich folgende Formel (Faustregel) für den Reaktionsweg: $s_R = \frac{v \cdot 3}{10}$

B 1157 a) Berechne den Reaktionsweg für folgende Geschwindigkeiten: 30 km/h, 60 km/h und 120 km/h.
b) Sind Reaktionsweg und Geschwindigkeit zueinander proportional?

Für die Berechnung des Bremsweges kann man ebenfalls eine Formel herleiten (derzeit aber noch zu schwierig!). Sie lautet: $s_B = \frac{v^2}{100}$

1158 a) Berechne den Bremsweg bei folgenden Geschwindigkeiten: 30 km/h, 60 km/h, 120 km/h
b) Sind Bremsweg und Geschwindigkeit zueinander proportional?

Übungen:

1159 a) Der Reaktionsweg hängt von der Geschwindigkeit ab. Gibt es noch andere Faktoren, die den Reaktionsweg beeinflussen können?
b) Gibt es außer der Geschwindigkeit noch andere Einflüsse auf den Bremsweg?
c) Es gibt verschiedene Arten von Bremsen. Nicht alle wirken gleich gut.
d) Auf manchen Fahrzeugen liest man am Heckfenster die Aufschrift: ABS
e) Laß dir einmal einen Bremskraftverstärker im Auto zeigen und erklären!

1160 Gib für folgende Geschwindigkeiten Reaktionsweg, Bremsweg und Anhalteweg an:

	Geschwindigkeit	Reaktionsweg	Bremsweg	Anhalteweg
a)	50 km/h			
b)	80 km/h			
c)	100 km/h			

1161 Bei einem Verkehrsunfall im Ortsgebiet wird die Länge der Bremsspur eines verunfallten Autos mit 40 m ausgemessen. Worauf kann man schließen?

1162 Jemand sieht bei einer Fahrt im Nebel 100 m weit.
a) Ist eine Geschwindigkeit von 90 km/h unter diesen Umständen schon zu hoch?
b) Welche Geschwindigkeit dürfte man ca. höchstens fahren, wenn die Fahrbahn sehr eng ist, das heißt, wenn man auf „halbe Sicht" fahren muß?
Bemerkung: „Halbe Sicht" bedeutet, daß jedes der entgegenkommenden Autos nach höchstens 50 m zum Stillstand kommen muß!

1163 Abgefahrene Reifen (Mindestprofiltiefe von 1,6 mm wird unterschritten) haben nicht nur die Gefährlichkeit erhöhter Schleudergefahr, sondern bei nasser Fahrbahn auch jene eines bis zu 100 % verlängerten Bremsweges! Was bedeutet das?

Benzinpreise

B 1164 Die Benzinpreise haben sich aufgrund der wachsenden Rohstoffpreise am Erdölmarkt bis 1985 ständig erhöht.
a) Nebenstehende Tabelle zeigt die Änderung der Preise für 1 Liter Superbenzin in den Jahren von 1970 bis 1986.
Trage die Preise in ein Diagramm ein!
(1 Jahr ≙ 5 mm, 1 S ≙ 1 cm)

Jahr	Preis für 1 Liter Super
1970	3,90 S
1975	6,70 S
1980	9,00 S
1985	12,10 S
1986	9,20 S

b) Wieviel Prozent betrug die Preissteigerung von einem bis zum nächsten angegebenen Jahr (bezogen auf das jeweils zuletzt angegebene Jahr)?
Wieviel Prozent betrug der Preisverfall von 1985 auf 1986?
c) Überlege dir, warum der Benzinpreis von Tankstelle zu Tankstelle schwankt!

Übungen:

1165 Ein PKW hat einen durchschnittlichen Verbrauch von 8,5 l bei 100 km.
Wie weit reicht ein voller Tank von a) 55 Liter, b) 45 Liter?

1166 Herr Wisser braucht auf einer Autobahnstrecke von 350 km im Sommer genau 28 Liter Benzin, im Winter benötigt er für dieselbe Strecke bei gleicher Geschwindigkeit mit Gepäckträger 31 Liter.
Um wieviel hat sich der Benzinverbrauch bei 100 km erhöht?
Welche Ursachen sind dafür verantwortlich?

1167 Bei der letzten Benzinpreiserhöhung sagte Herr Glaser: „Mich kümmert die Erhöhung überhaupt nicht, ich tanke ohnehin immer nur um 200 S!“ Was sagst du dazu?

1168 Joanne schreibt ihrer österreichischen Brieffreundin, daß das Auto ihres Vaters 30 Meilen mit einer Gallone Benzin fährt. Das Auto von Christianes Vater verbraucht 7 Liter bei 100 km.
Welches Auto ist sparsamer? (1 Meile = 1,6 km, 1 US-gallon = 3,79 l)

Das kostet Autofahren im Jahr 1986

B 1169 Wie sehr Autofahren ins Geld geht, hat ein österreichischer Autofahrerklub mit Computerhilfe auf den Schilling genau errechnet. Dabei wurden 174 Modelle analysiert und eine exakte Kostenberechnung bei einer angenommenen Laufzeit von 5 Jahren und einer jährlichen Fahrleistung von 12 000 km aufgestellt.
Hier sind die Kosten für 3 Automodelle angegeben:

Type	Leistung	Listenpreis	monatl. Wertverlust	Fixkosten[1)]	Betriebskosten[2)]
Ford Sierra 1,6 L	70 PS	157 200 S	1 653 S	634 S	1 730 S
Mercedes 230E	132 PS	351 648 S	3 577 S	1 118 S	2 160 S
Opel Kadett LS 1,2 S	50 PS	124 400 S	1 265 S	423 S	1 564 S

1) Kfz-Versicherung und Kfz-Steuer
2) Benzin-, Reifen-, Service-, Reparaturkosten

a) Gib für jede Autotype die monatlichen Gesamtkosten an!
b) Berechne sodann die Kosten pro Kilometer zunächst ohne, dann mit Wertverlust!

Vielleicht verstehst du jetzt die Höhe des amtlichen Kilometergeldes von 3,70 S besser! Beim ersten Hinsehen erscheint es als hoch, doch darf man nicht nur die Benzinkosten in Betracht ziehen!

B 1170 Walter, Dieter und Florian wohnen auf dem Land und arbeiten in derselben Firma einer Kleinstadt. Sie bilden eine Fahrgemeinschaft, um Benzin zu sparen. Würde jeder von ihnen im eigenen Auto fahren, so hätten sie täglich 17 km, 21 km bzw. 23 km von zu Hause bis zur Arbeitsstätte zurückzulegen; so aber sind es 26 km, wenn Walter den Transport übernimmt.
a) Wieviel Kilometer werden dadurch monatlich eingespart? Rechne mit einer 5-Tages-Woche!
b) Welche Benzinkosten werden dadurch eingespart, wenn der Verbrauch bei 8,5 Liter / 100 km liegt? Erkundige dich um den derzeit gültigen Superbenzinpreis!
c) Überlege dir, warum es viele Personen vorziehen, lieber mit dem eigenen Auto, als mit öffentlichen Verkehrsmitteln zu fahren!

PKW- und Kraftfahrzeugbestand in Österreich

B 1171 Nebenan findest du in einer Tabelle die Entwicklung des Kraftfahrzeugbestandes in Österreich von 1965 bis 1983.

	1965	1983
PKW	790 000	2 410 000
Kfz	1 810 000	3 650 000

a) Um wie viele Autos bzw. Kfz ist der jeweilige Bestand angestiegen?
b) Um wieviel Prozent stieg jeder der beiden Bestände an?
c) Auf wie viele Personen entfiel ein Auto im Jahr 1983? Rechne auf 1 Dezimalstelle genau! Auf wie viele Personen entfielen daher 10 Autos?

Autofahren und Umweltschutz

Dem Wald zuliebe
Tempo 80

So angenehm ein Auto für den Benutzer auch ist, so bringt es doch große Umweltprobleme mit sich! Wer hat nicht schon in Presse, Rundfunk, Fernsehen oder öffentlichen Diskussionen darüber gehört?
Durch die Verbrennung des Treibstoffes im Automotor entstehen Schadstoffe, die in gasförmigem Zustand oder als feinste Teilchen über den Auspuff direkt an die Luft abgegeben werden, womit sie besonders in städtischen Bereichen unmittelbar in die Atmungsorgane des Menschen gelangen. Unter den Schadstoffen sind vor allem **Kohlenmonoxid, unverbrannte Kohlenwasserstoffe** und **Stickoxide** zu nennen.
Ein wirksames Mittel zur Herabsetzung des Schadstoffanteils in den Auspuffgasen ist der **Katalysator** (Gerät, das in der Auspuffleitung eingebaut wird, derzeit aber noch wenig verbreitet ist wegen des hohen Preises von ca. 15 000 S!).
Weitere Möglichkeiten zu einer Verbesserung sind die **richtige Einstellung der Zündanlage** des Fahrzeugs (Grünes Pickerl) und die **Herabsetzung der Fahrgeschwindigkeit.**
Darüber Aufschluß geben dir die folgenden Diagramme:

Kraftstoffverbrauch und Schadstoff-Emissionen von Pkw mit Otto-Motoren bei konstanten Geschwindigkeiten (Mittelwerte für 20 Fahrzeuge)

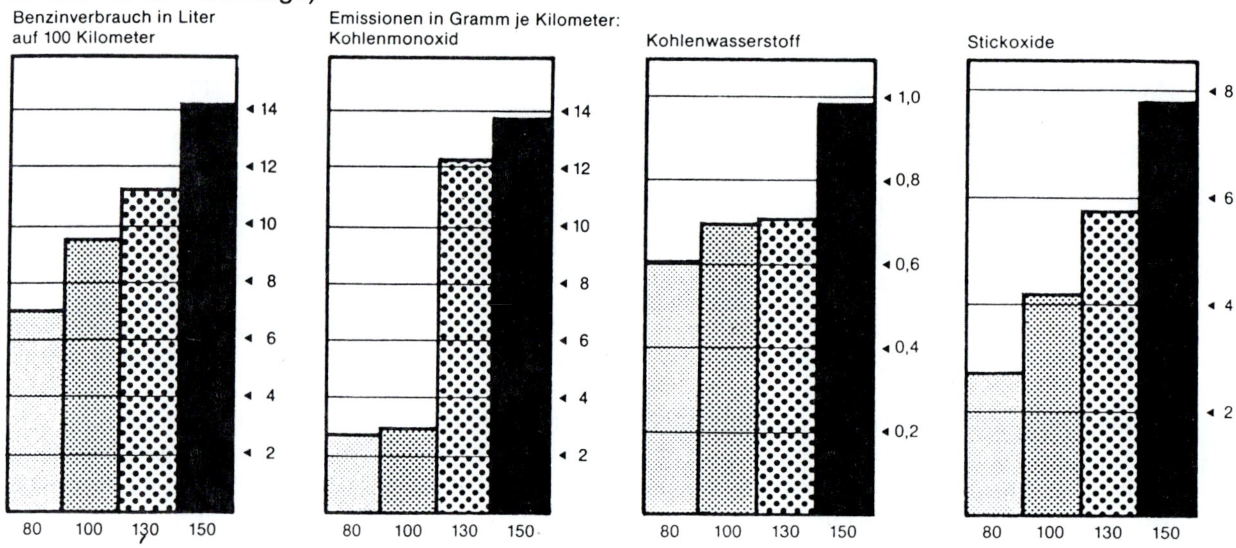

Geschwindigkeit in Kilometer pro Stunde

(Quelle: Rheinisch-Westfälischer TÜV 1984)

B 1172 Sind die folgenden Angaben einer technischen Zeitschrift wahr? Überprüfe sie anhand der oben angegebenen Grafiken!

Von 80 km/h auf 150 km/h vervierfachen sich die Kohlenmonoxidemissionen, die Emissionen unverbrannter Kohlenwasserstoffe steigen um 60 %, die Stickoxidemissionen steigen zufolge der höheren Verbrennungstemperaturen bei hohen Drehzahlen sogar um 200 % an. Damit besteht eine unmittelbar vom Kraftfahrer abhängige **Möglichkeit,** das Ausmaß der von ihm pro Kilometer **emittierten Schadstoffe selbst zu bestimmen.**

2. Möglichkeit:
Der Katalysator

Ein weiterer ernstzunehmender Schadstoff ist **Blei**, das zur Erhöhung der Klopffestigkeit des Benzins (Verhinderung von Selbstentzündung) diesem beigemengt wird.
Blei gelangt durch die Auspuffgase entweder direkt in den menschlichen Körper oder auf dem Umweg über die Nahrungskette und reichert sich vor allem in Leber, Nieren oder Knochen an, wo es nicht abgebaut werden kann, da es ein Schwermetall ist.
Allerdings gibt es bereits **bleifreies Benzin** an vielen Tankstellen, das jedoch nur für Katalysatorautos bzw. Autos neueren Typs geeignet ist.
Die Weltgesundheitsorganisation hat als Grenzwert für schwere, gesundheitliche Schäden die Konzentration von 500 ppm Blei im Blut festgesetzt.

Erklärung: 1 ppm (parts per million) = $\frac{1}{1\,000\,000}$ eines Ganzen.

Ähnliches kennst du von den Begriffen „Prozent" und „Promille"!

B 1173 Roman ist begeisterter Automechaniker, jedoch wenn es um seine Gesundheit geht, sehr nachlässig. Der Weg zum Absaugschlauch ist ihm zu weit, wenn es darum geht, bei laufendem Motor den Vergaser einzustellen. Schon bei der ersten ärztlichen Untersuchung stellt der Arzt in seinem Blut (5,5 Liter) insgesamt 187,5 mg Blei fest.
a) Wieviel ppm sind das?
b) Wieviel Prozent der Vergiftungsdosis ist (550 ppm) das?

Masse (in mg)	ppm
5 500 000	1 000 000
187,5	?

→

ppm	%
550	100

Du siehst: Die Vergiftungsdosis liegt gottseidank weit unter dem Grenzwert, doch sollte Roman in Hinkunft die vorgeschriebenen Sicherheitsvorkehrungen treffen, da sich Blei im Laufe der Zeit ansammelt und nicht abgebaut wird!

Übungen:

1174 Wieviel Gramm Blei müßten in 7 Liter Blut enthalten sein, damit die Vergiftungsdosis erreicht wird?

1175 Da wir an unserer Schule wegen des großen Lärms, den der vorbeifließende Verkehr verursacht, die Fenster nicht öffnen können, schalten wir zur Belüftung die Klimaanlage ein und saugen damit das in den Abgasen der Autos enthaltene Blei in das Klassenzimmer. Eine von einem Arzt durchgeführte Blutuntersuchung ergibt 145 mg Blei im Blut (5 Liter).
a) Wieviel ppm sind das?
b) Wieviel Prozent der Vergiftungsdosis entspricht das?

1176 Herr Grün fährt die 30 km lange Autobahnstrecke durch den Wienerwald „dem Wald zuliebe" statt mit 120 km/h mit nur 80 km/h. Wieviel Zeit verliert er dabei?

1177 Die durch den starken Verkehr verursachten vermehrten Abgase bewirken eine Erhöhung des „Sauren Regens". Inwiefern schädigt saurer Regen den Wald, insbesonders die Nadeln der Bäume? Vielleicht habt ihr darüber im Biologieunterricht schon gesprochen!
Erkundigt euch, welchen Anteil der Verkehr an der Luftverschmutzung hat!
Welche wirksamen Maßnahmen gegen die steigende Umweltverschmutzung durch Autos gibt es?
Gibt es noch weitere interessante Fragen zum Thema „Rund ums Auto" für euch?
Überlegt, wo ihr die zur Beantwortung notwendigen Informationen einholen könnt!

Sicherlich gibt es noch viele weitere interessante Fragen zum Thema „Rund ums Auto". Auf der nächsten Seite sind noch einige Graphiken aus Zeitungen und einschlägigen Zeitschriften abgebildet. Sprecht gemeinsam in einer Gruppe darüber, kontrolliert die in den Texten angegebenen Behauptungen und nehmt Stellung dazu!
Vielleicht findet ihr noch weitere interessante Darstellungen in Zeitschriften, die ihr gemeinsam oder in Gruppenarbeit bearbeiten könnt! Informationen könnt ihr bei Autofahrerklubs, in Autowerkstätten usw. einholen!

Mobilität nach Altersgruppen

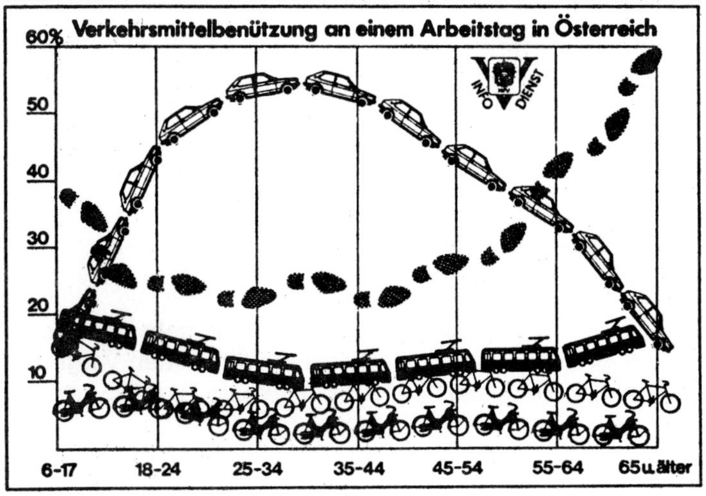

Mobilsein in Österreich — das heißt nicht nur Auto fahren! Das wichtigste Verkehrsmittel sind die eigenen zwei Beine: 31 Prozent aller Verkehrsteilnehmer machen sich während der Arbeitswoche Tag für Tag zu Fuß auf den Weg, das beweist eine Studie des Statistischen Zentralamtes.

Der eigene Pkw ist freilich der absolute Favorit der Achzehn- bis Fünfzigjährigen. Sie greifen in 45 Prozent zum Zündschlüssel, wenn sie außer Haus gehen. Rechnet man die Mitfahrer dieser Altersgruppe dazu, werden es fast 55 Prozent.

In diesem Zusammenhang weist das Kuratorium für Verkehrssicherheit darauf hin, daß gerade die am meisten gefährdete Gruppe der Verkehrsteilnehmer, die Fußgänger, sich hauptsächlich aus Schulkindern und Senioren zusammensetzt. Diese Altersgruppen sind in ihrem Verkehrsverhalten oft unsicher und unberechenbar, besondere Rücksichtnahme seitens der Fahrzeuglenker ist daher erforderlich

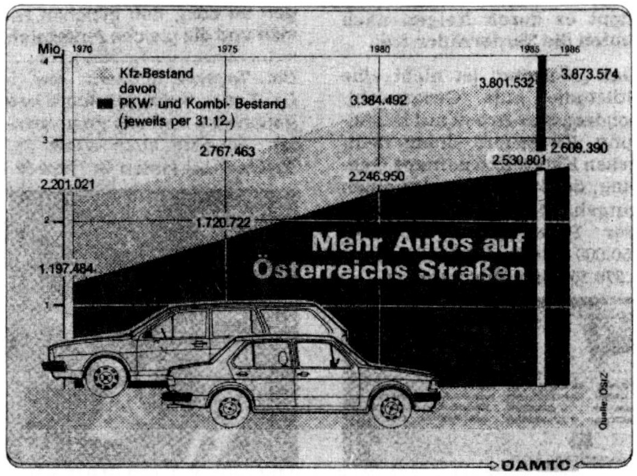

Fast 3,9 Millionen Kraftfahrzeuge waren per Jahresende 1986 in Österreich zum Verkehr zugelassen. Zwei von drei Kraftfahrzeugen sind Pkw und Kombi. Der Pkw- und Kombi-Bestand stieg im vergangenen Jahr mit 3,1 Prozent stärker als der Kfz-Bestand insgesamt, der sich gegenüber 1985 nur um 1,9 Prozent erhöhte. Auf 1.000 Einwohner entfallen laut ÖAMTC in Österreich 345 Pkw und Kombi. Das entspricht einer Motorisierung wie sie in der Bundesrepublik Deutschland, Schweden und der Schweiz schon Ende der 70-er Jahre erreicht war.

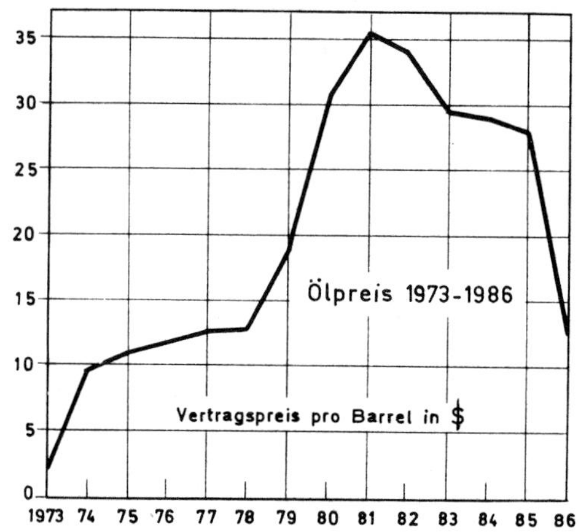

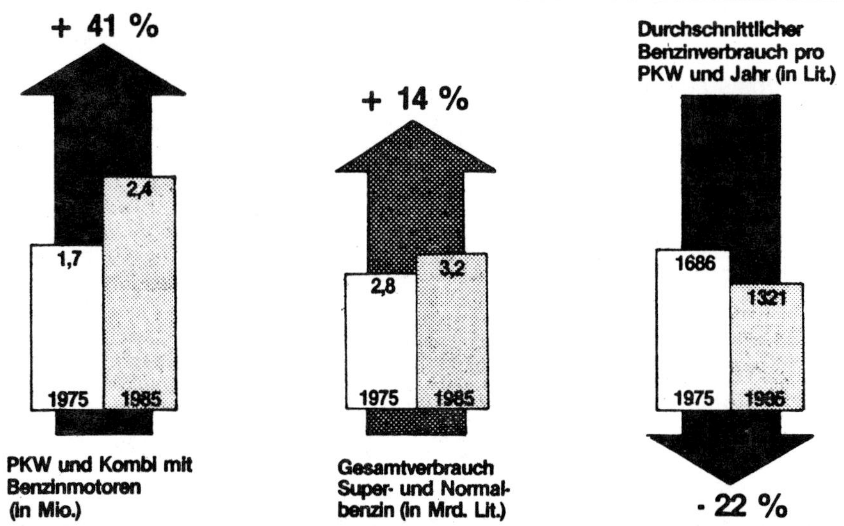

Sparbilanz

Innerhalb von zehn Jahren ist der Benzinverbrauch pro Personenwagen um 22 Prozent gesunken, wie auf dieser ÖAMTC-Graphik abzulesen ist. Effizientere Motoren, strömungsgünstigere Karossen und das Sparbewußtsein der heimischen Autofahrer haben zu diesem erfreulichen Ergebnis geführt, das sich die nächsten Jahre eher noch verstärken dürfte.

12.2 Sparen

B 1178

a) Erwin bekommt zu Weihnachten 100 S geschenkt. Er bringt das Geld zu seiner Sparkasse, die es zu 4,5 % verzinst.

Wenn du einem Geldinstitut (Bank, Sparkasse) dein erspartes Geld leihweise überläßt, so bekommst du **Zinsen**.

Spareinlage + Sparzinsen = Kapitalstand am Ende des Jahres

100 S + ________ = ____________

b) Erwins Vater kauft ein Auto um 200 000 S. Da er nur 150 000 S gespart hat, muß er den Rest zu 10 % von der Bank ausleihen.

Überläßt dir ein Geldinstitut einen bestimmten Geldbetrag für eine bestimmte Dauer und zu vereinbarten Bedingungen, so spricht man von einem **Kredit**.

Kredit + Kreditzinsen = Restschuld am Ende des Jahres

50 000 S + ________ = ____________

B 1179

a) Die Zinssätze für Spareinlagen können unterschiedlich hoch sein. Überprüfe die Zinssätze auf ihre Richtigkeit!

Übersicht über die derzeit gültigen Zinssätze für Sparer

Stand 1. Juli 1986	Verzinsung	neuer Stand	Laufzeit oder Bindungsdauer
Sparbuch	3,5 %		3 Monate
	3,75 %		6 Monate
	4 %		12 Monate
	5 %		36 Monate
Sparbrief	5,75 %		24 Monate
	6,5 %		60 Monate
Prämiensparbuch	6 %		48 Monate
Bausparen	8,9 %		72 Monate
Versicherungssparen	8,1 %		144 Monate
Anleihen Pfandbriefe Kommunalbriefe	zirka 7,5 %		durchschnittlich 8 bis 10 Jahre

b) Die Zinssätze für Kreditnehmer können unterschiedlich hoch sein. Überprüfe die Zinssätze für Kredite auf ihre Richtigkeit!

Übersicht über die derzeit gültigen Zinssätze für Kreditnehmer

Stand: 1. Juli 1986	Zinsen	neu
Darlehen von Bausparkasse	6 %	
Zwischenkredit von Bausparkasse	7,25 %	
Wohnungsverbesserungsdarlehen	8,5 %	
Privatkredite	zirka 10 %	
Überziehung des Gehaltskontos	bis 14 %	

Bei welchem Geldinstitut wirst du nachfragen?

____

Welche Geldinstitute kennst du noch?

____

____

Vergiß die Post nicht!

Warum erhältst du höhere Zinsen, wenn du mit deinem Geldinstitut eine längere Bindungsdauer vereinbarst?

Bindung nennt man den Zeitraum, in dem das vom Sparer eingelegte Kapital gebunden ist, d. h. nicht behoben werden darf.

Eckzinsfuß ist jener Zinssatz, der im Eckzinsabkommen zwischen den Geldinstituten gesetzlich festgesetzt wird. Es ist der Zinssatz, den du mindestens für deine Spareinlagen bekommen mußt.

Stand 1986: 3,5 % Neuer Stand: ______

B 1180 Erinnere dich an einige Grundbegriffe, die du im Vorjahr in der Prozent- und Zinsenrechnung kennengelernt hast.

Prozentrechnung:	Prozentsatz		Grundwert		Prozentwert
	↓		↓		↓
Zinsenrechnung:	Zinssatz (p)		Kapital (K)		Zinsen (Z)
	Der Zinssatz wird für ein Jahr angegeben.		Das Kapital stellt das Ganze, also 100 % dar.		Die Zinsen sind die Leihgebühr für das Kapital.
	↓		↓		↓
	4 %	von	50 000 S	=	______
	Zinssatz (p)		Kredit (K)		Zinsen (Z)
	↓		↓		↓
	10 %	von	50 000 S	=	______

Vergleiche die Zinsen von Spareinlagen mit den Kreditzinsen bei gleichem Kapital!

B 1181 Grete legt ihre Ersparnisse in der Höhe von 25 000 S auf ein Sparbuch, das zum Eckzinsfuß angelegt ist. Um wieviel Schilling würde sie mehr Zinsen nach einem Jahr erhalten, wenn sie die Einlage 36 Monate bindet?

Du kannst auf 2 Arten rechnen: Du errechnest die Zinsen für beide Fälle und subtrahierst sie; oder . . .

Jahreszinsen

B 1182 Berechne die Zinsen, die ein Sparguthaben von 6 000 S bei 4%iger Verzinsung in einem Jahr bringt!

4 % von 6 000 S = $\frac{4}{100} \cdot 6\,000$ = ______________

Wir wollen eine Formel für die Berechnung der Jahreszinsen herleiten:

Zinsen für 6 000 S bei 4 %	$Z = \frac{4}{100} \cdot 6\,000$
Zinsen für K S bei 4 %	$Z = \frac{4}{100} \cdot K$
Zinsen für K S bei p %	$Z = \frac{p}{100} \cdot K$

Meist wird die Zinsformel so angegeben: $Z = \frac{K \cdot p}{100}$

Vergleiche sie mit obiger Formel!

Die Jahreszinsformel ist eine Grundformel, aus der wir zwei weitere Formeln für das Kapital bzw. für den Zinssatz herleiten können:

Kapital K	Zinssatz p
$Z = \frac{K \cdot p}{100}$	$Z = \frac{K \cdot p}{100}$
$Z \cdot 100 = K \cdot p$	$Z \cdot 100 = K \cdot p$
$\frac{Z \cdot 100}{p} = K$	$\frac{Z \cdot 100}{K} = p$
$K = \frac{Z \cdot 100}{p}$	$p = \frac{Z \cdot 100}{K}$

Selbstverständlich mußt du dir diese Formeln nicht unbedingt merken, du solltest sie jederzeit aus der Grundformel (für die Jahreszinsen) herleiten können!

B 1183 Nora erhielt für ihre Ersparnisse von 14 800 S nach einem Jahr Zinsen in der Höhe von 666 S gutgeschrieben. Wie hoch ist der Zinssatz?

$p = \frac{Z \cdot 100}{K}$ = ______________________________

B 1184 Wie hoch muß das Kapital einer Stiftung sein, wenn mit den jährlichen Zinsen ein Preis von 75 000 S vergeben werden soll? (6,5 % Zinssatz) Runde auf ZT!

$K = \frac{Z \cdot 100}{p}$ = ______________________________

Zinsen für Teile eines Jahres

Liegt dein Geld nicht ein volles Jahr auf der Bank, so bekommst du auch nur den entsprechenden Anteil der Jahreszinsen.

Wir unterscheiden:

Monatszinsen	**Tageszinsen**
Im Bankgeschäft wird jedes Jahr mit 12 gleichen Monaten gerechnet.	Im Bankgeschäft wird ein Jahr mit 360 Tagen gerechnet (jeder Monat mit 30 Tagen).
Zinsen für 1 Monat: $Z = \frac{K \cdot p}{100} \cdot \frac{1}{12}$	Zinsen für 1 Tag: $Z = \frac{K \cdot p}{100} \cdot \frac{1}{360}$
Zinsen für m Monate: $Z = \frac{K \cdot p}{100} \cdot \frac{m}{12}$	Zinsen für t Tage: $Z = \frac{K \cdot p}{100} \cdot \frac{t}{360}$
$Z = \frac{K \cdot p \cdot m}{1\,200}$	$Z = \frac{K \cdot p \cdot t}{36\,000}$

B 1185 Franz legt 2 500 S auf ein Sparbuch und behebt es 7 Monate später zum Zwecke eines Fahrradkaufs. Wie hoch ist sein Sparguthaben zu diesem Zeitpunkt?

$Z = \frac{K \cdot p \cdot m}{1\,200} =$ ______________________ K + Z = __________

Wird eine Schuld später als vereinbart zurückbezahlt, so werden **Verzugszinsen** für die versäumten Tage berechnet.

B 1186 Herr Saumer hat beim Finanzamt eine Steuerschuld von 32 570 S. Nach einer Zahlungsaufforderung seitens des Finanzamtes begleicht er die Schuld 43 Tage nach dem Fälligkeitstermin, wobei ihm 7,5 % Verzugszinsen verrechnet werden.
Welchen Betrag hat er zurückzuzahlen?

$Z = \frac{K \cdot p \cdot t}{36\,000} =$ ______________________ K + Z = __________

B 1187 Ein Landwirt borgt sich von seinem Nachbarn 12 000 S aus, um eine Landmaschine zu kaufen. Er zahlt das Geld samt Zinsen in der Höhe von 810 S nach 9 Monaten zurück. Welche Verzinsung liegt zugrunde?

Das ist eine Umkehraufgabe: $Z = \frac{K \cdot p \cdot m}{1\,200}$

Wir setzen die Zahlen ein: $810 = \frac{\cancel{12\,000}^{10} \cdot p \cdot 9}{\cancel{1\,200}_1}$

____

____

Kannst du aus $Z = \frac{K \cdot p \cdot m}{1\,200}$ eine Formel für p herleiten?

____

____

____

B 1188 Nach wie vielen Tagen muß ich eine Schuld von 15 000 S bei 9 %iger Verzinsung zurückzahlen, wenn ich nicht mehr als 1 000 S Zinsen zahlen möchte? Rechne im Heft!

Übungen:

1189 a) Edwin hat 4 800 S gespart. Wieviel Schilling erhält er nach einem Jahr an Zinsen, wenn du den Eckzinssatz (derzeit ____ %) verwendest?

b) Wie groß ist der Unterschied bei den Jahreszinsen, wenn du den Zinssatz für die längste Bindungsdauer (____ % bei ____ Monaten) verwendest?

c) Was passiert, wenn du vorerst eine längere Bindungsdauer mit dem Geldinstitut vereinbarst, dann aber vom Sparbuch vorzeitig Geld abhebst?

1190 Berechne für das angegebene Kapital die Jahreszinsen zum Eckzinsfuß!
a) 7 500 S b) 19 000 S c) 58 537 S d) 38 069,50 S e) 105 000 S

1191 Welches Guthaben hast du nach einem Jahr für folgende Spareinlagen?
a) 3 450 S bei 3,5 % b) 24 587 S bei 4 % c) 60 230 S bei 4,5 %

1192 Martin hat 1 990 S gespart (3,5 %). Er möchte für diesen Betrag einen Kassettenrekorder kaufen. Seine Eltern raten ihm aber, noch ein Jahr zu warten. „Der alte Rekorder tut's auch noch", meint der Vater. Dasselbe Gerät kostet ein Jahr später 2 140 S. Reichen die Ersparnisse?

1193 Herr Franz Baumann läßt sein Gehalt auf ein Privatkonto (Gehaltskonto) überweisen. Nach Abzug von Miete, Strom- und Telefongebühr liegen 8 532,60 S 24 Tage lang auf dem Konto, für das er 0,5 % Zinsen erhält. Wäre es nicht günstiger, den gesamten Betrag auf ein Sparbuch zu überweisen, das zum Eckzinsfuß verzinst ist? Berechne den Unterschied!

1194 Familie Hofer hat ein Haus gebaut. Zur Deckung der Kosten wurde ein Bausparvertrag verwendet.
Wie hoch ist alleine die Zinsenrückzahlung im ersten Jahr, wenn das Darlehen 1 200 000 S ausmacht und 6 % Zinsen zu bezahlen sind?
Bemerkung: Die tatsächliche Rückzahlung muß natürlich höher sein!

1195 Eine Wohnungseinrichtung kostet 120 000 S. 50 000 S werden bar bezahlt. Der Rest wird nach einem halben Jahr samt Zinsen (8,7 %) zurückgezahlt. Wieviel ist das?

1196 Gasthaus in Ausflugsgebiet zu verpachten!
Wieviel Geld ist monatlich an den Besitzer zu zahlen, wenn das Gasthaus samt Einrichtung einen Wert von 2 480 000 S hat und der Pachtzins jährlich 7 % beträgt?

1197 Jemand kauft ein mehrgeschossiges Stadthaus um 6 500 000 S. An Miete kassiert er monatlich von den Hausparteien 32 500 S.
Welcher Verzinsung entspricht diese Kapitalanlage jährlich, wenn du den Wert des Hauses als Kapital und die Monatsmiete als Zinsen betrachtest?

1198 Eine Schuld wird genau nach 1 Jahr einschließlich 9,5 % Zinsen mit 39 420 S zurückgezahlt. Wieviel Geld wurde vor einem Jahr ausgeliehen?
Überlege, wieviel Prozent die Schuld samt Zinsen ausmacht!

1199 Berechne die fehlende Größe! Als Grundlage dient 1 Jahr.

	a)	b)	c)	d)	e)	f)
Kapital	3 000 S	4 500 S			83 750 S	
Zinssatz			3,5 %	4 %		4 %
Zinsen	120 S	225 S	315 S	980 S	4 606,25 S	5 716 S

1200 Stefan spielt mit seinem Vater Fußballtoto. Stefan tippt, weil er sich im Fußball auskennt, sein Vater zahlt den Einsatz. Wie hoch müßte ein Zwölfergewinn sein, damit der Gewinn, auf ein Sparbuch zu 6 % angelegt, monatlich 15 000 S abwerfen würde?
Soviel verdient nämlich Stefans Vater. Ersetzt ein Totogewinn das Einkommen? Denk an die Inflation (Geldwertverlust!).
Überlege zuerst, wieviel Schilling das jährlich sind!

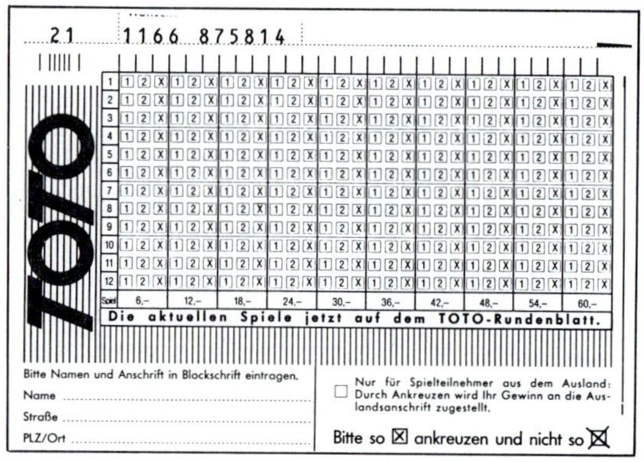

1201 Berechne den Endwert folgender Kapitalien!

	a)	b)	c)	d)	e)
Kapital	12 000 S	4 830 S	79 500 S	6 419,55 S	88 876 S
Zinssatz	3,75 %	4 %	6 %	5 %	7,25 %
Zeit	5 Monate	190 Tage	11 Monate	$\frac{1}{4}$ Jahr	2 Mon. 17 T.

1202 Herr Huber möchte ein neues Auto kaufen, doch sein Geld reicht nicht aus. Der Verkäufer bietet ihm einen zu 12 % verzinsten Kredit an, was Herrn Huber jedoch zu hoch ist.
Er geht zu seinem Freund Walter, der eine größere Geldsumme auf einem zum Eckzinsfuß angelegten Sparbuch hat. Beide einigen sich auf 6 % Zinsen. Nach 75 Tagen zahlt Herr Huber 125 S Zinsen und die Schulden an seinen Freund zurück.
Wie hoch war die Schuld? Um wieviel mehr Zinsen hätte er im gleichen Zeitraum beim anderen Angebot bezahlt?

1203 Berechne die jeweils fehlende Größe!

	a)	b)	c)	d)	e)	f)
Kapital	900 S	12 000 S	34 500 S	81 000 S		
Zinssatz	4 %	5,5 %			4,5 %	6 %
Zeit	? Mon.	? Tage	5 Mon.	100 Tage	7 Mon.	290 Tage
Zinsen	33 S	522,50 S	575 S	787,5 S	63 S	1 218 S

1204 Herr Roth hat ein Darlehen von 27 600 S aufgenommen und zahlt es nach 9 Monaten samt Zinsen zu 29 359,50 S zurück. Wie hoch wurde das Darlehen verzinst?

Zinseszinsen

Es ist dir sicherlich schon aufgefallen, daß das Geldinstitut am Ende jeden Jahres die Zinsen für das abgelaufene Jahr in dein Sparbuch einträgt. Du bekommst dann im nächsten Jahr nicht nur die Zinsen für das Einlagekapital sondern auch noch die Zinsen für die im Vorjahr angelaufenen Zinsen. Dieses Zinsen nennt man daher **Zinseszinsen**.

Werden am Ende eines Jahres die Zinsen nicht abgehoben, so werden die Zinsen zum Kapital geschlagen; man sagt auch: Die Zinsen werden kapitalisiert.
Das Kapital am Beginn des nächsten Jahres beträgt dann $K_1 = K + Z_1$; von diesem Kapital werden am Ende des 2. Jahres die Zinsen berechnet.

Folgende Darstellung veranschaulicht dies:

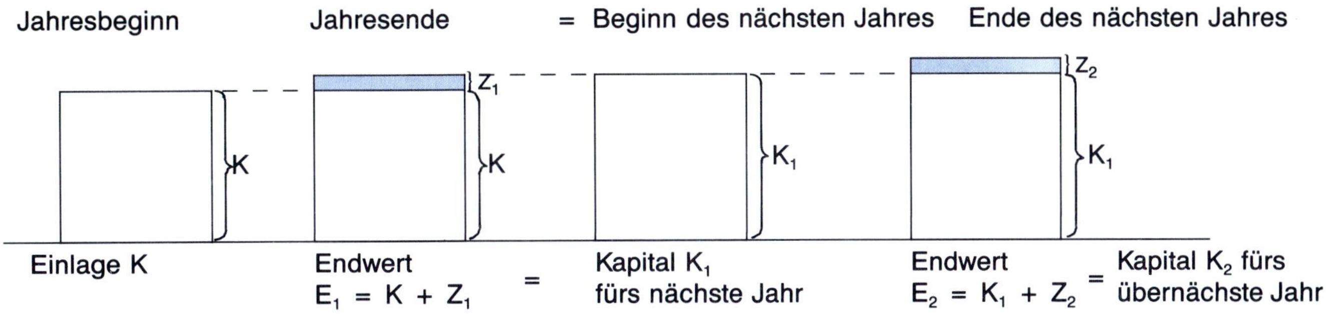

Hebt man die Zinsen am Ende jedes Jahres ab, so spricht man von einer **einfachen Verzinsung**. Die Zinsen sind jedes Jahr gleich.
Läßt man die Zinsen jedoch liegen (was in den meisten Fällen auch geschieht), so spricht man von einer **bankmäßigen Verzinsung**. Die Zinsen werden von Jahr zu Jahr größer.

B 1205 Jemand legt ein Kapital von 5 000 S zu 4 % bankmäßig für 2 Jahre an. Wie hoch ist das Guthaben nach 2 Jahren?

Zinsen im 1. Jahr: $Z_1 = \frac{K \cdot p}{100} = \frac{5\,000 \cdot 4}{100} = 200$ S

Endwert nach 1 Jahr = Kapital im 2. Jahr: $E_1 = K + Z_1 = 5\,000 + 200 = 5\,200 \text{ S} = K_1$

Zinsen im 2. Jahr: $Z_2 = \frac{K_1 \cdot p}{100} = \frac{5\,200 \cdot 4}{100} =$ ______

Endwert nach 2 Jahren: $E_2 = K_1 + Z_2 =$ ______________________

Wir leiten eine Formel her für den Endwert eines Kapitals K bei p-%iger bankmäßiger Verzinsung. Mit dieser können wir dann rasch den Endwert nach n Jahren berechnen:

$$E_1 = K + Z_1 = K + \frac{K \cdot p}{100} = K \cdot (1 + \frac{p}{100}) = K_1$$

$$E_2 = K_1 + Z_2 = K_1 + \frac{K_1 \cdot p}{100} = K_1 \cdot (1 + \frac{p}{100}) = K \cdot (1 + \frac{p}{100}) \cdot (1 + \frac{p}{100}) = K \cdot (1 + \frac{p}{100})^2$$

. . . . .

$$E_n = K \cdot (1 + \frac{p}{100})^n$$

Der Faktor $(1 + \frac{p}{100})$ heißt **Aufzinsungsfaktor.**

B 1206 Berechne das Ergebnis der vorhergehenden Aufgabe mit Hilfe der Formel!

$E_2 = K \cdot (1 + \frac{p}{100})^2 = 5\,000 \cdot (1 + 0{,}04)^2 = 5\,000 \cdot 1{,}04^2 =$ ____________

B 1207 Wie lange muß Petra ihre Ersparnisse von 10 000 S bei 4%iger Verzinsung am Sparbuch liegen lassen, bis das Guthaben auf 13 000 S anwächst?

Das ist eine Umkehraufgabe: Die zugehörige Gleichung $13\,000 = 10\,000 \cdot 1{,}04^n$ können wir nur durch Probieren lösen!

Eine Tabelle soll uns dabei helfen:

Anzahl der Jahre n	1	2	......	5	6	7
Endwert nach n Jahren	10 400	10 816	....	12 167	12 653	13 159

Nach 7 Jahren ist das Kapital auf über 13 000 S angewachsen.
Bei einfacher Verzinsung würde das Kapital nach 7 Jahren erst auf 12 800 S anwachsen! Durch die Zinseszinsen wächst das Kapital bankmäßig verzinst rascher an.

Übungen:

1208 Berechne den Endwert folgender Kapitalien bei bankmäßiger Verzinsung:

Einmalige Einzahlung	Sparbuch mit	Jahre	Endwert
25 000 S	Eckzinssatz	2	
25 000 S	Eckzinssatz	5	
25 000 S	6monatige Bindung	5	
25 000 S	einjährige Bindung	5	
25 000 S	dreijährige Bindung	5	
60 000 S	Eckzinssatz	8	

1209 Bernhard hat am Beginn seiner Schulzeit ein Sparbuch zum Eckzinssatz mit einer Einlage von 5 000 S bekommen. Welcher Betrag liegt nach 9 Jahren (Ende seiner Pflichtschulzeit) auf seinem Sparbuch?
Was wird dabei alles vorausgesetzt?

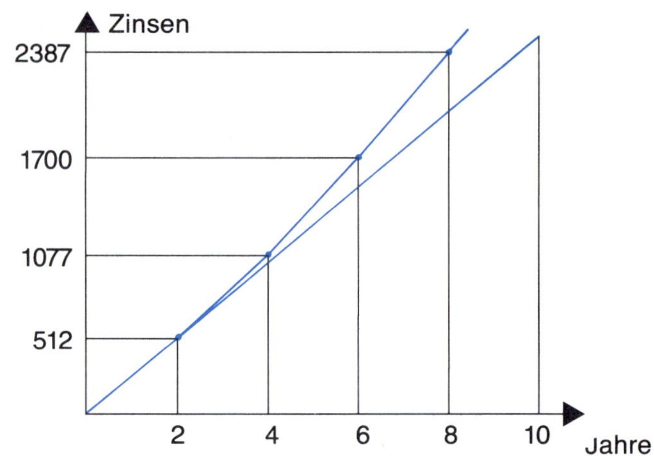

1210 In nebenstehender Grafik siehst du den Unterschied zwischen einfacher und bankmäßiger Verzinsung für ein Kapital von 5 000 S bei 5%iger Verzinsung.
Überprüfe die beiden Kurven, indem du die Zinsen nach 2, 4, 6, 8 und 10 Jahren berechnest!

1211 Wie lange muß ein Kapital von 4 000 S bei 5%iger bankmäßiger Verzinsung angelegt werden, bis es auf 5 000 S anwächst?
Mach eine Überschlagsrechnung mit Hilfe der Zinsen für das 1. Jahr!

12.3 Kaufen

B 1212 **Barzahlung oder Ratenzahlung?**

Herr Schauer möchte ein neues Farbfernsehgerät anschaffen. 8 000 S hat er bei sich, als er das Geschäft betritt. Das Gerät, das seinen Vorstellungen entspricht, kostet aber 12 990 S.
Er läßt sich zu einer Ratenzahlung überreden: 8 000 S zahlt er an, den Rest in 12 Monatsraten zu je 530 S.
Wieviel Schilling kostet das Gerät jetzt? Um wieviel Prozent ist der Ratenkauf teurer als der Barkauf?

Anzahlung	8 000 S	Preis bei Ratenzahlung	______ S
12 Raten á 530 S	______ S	Preis bei Barzahlung	______ S
Preis bei Ratenzahlung	______ S	Unterschied	______ S

	Preis in S	Prozent
Barzahlungspreis	______	100 %
Preisunterschied	______	?

Rechne im Heft weiter!

Was bei Ratenkäufen zu beachten ist:

> Wie dringend ist die Anschaffung?
> Wird die Ware in naher Zukunft teurer?
> Kann man bei Barzahlung einen Skonto (Preisnachlaß) bekommen?
> Ist ein Bankkredit unter Umständen billiger?

Rabatt

> Rabatt ist ein Preisnachlaß, der unter bestimmten Voraussetzungen gewährt wird (Mengenrabatt, Treuerabatt, Wiederverkäuferrabatt, . . .).

B 1213 Der Motor der Waschmaschine von Frau Gründlich ist defekt. Da die Reparaturkosten den Zeitwert der Maschine erheblich überschreiten würden, entschließt sich Frau Gründlich für den Kauf einer neuen Waschmaschine. Ein Bekannter, der in einem Elektrogroßhandelsgeschäft arbeitet, verspricht ihr einen „guten Preis". Wie kommt dieser zustande?

Preis der Maschine ohne Mehrwertsteuer	8 500 S
– 15 % Rabatt	______ S
	______ S
+ 20 % Mehrwertsteuer	______ S
Kaufpreis der Maschine	______ S

Berechne die Ersparnis gegenüber dem Preis ohne Gewährung eines Rabattes (8 500 S + 20 % MWSt.).
Beachte: Der Rabatt wird immer vom Preis der Ware ohne Mehrwertsteuer berechnet!

Skonto

Um den Käufer zu baldiger Barzahlung zu veranlassen, gewähren die meisten Firmen vom Verkaufspreis einen Skonto (Abzug).

B 1214 Ein Landwirt kauft Geräte um 14 872 S. Auf der Rechnung steht kleingedruckt: Bei Barzahlung innerhalb von 14 Tagen werden 2 % Skonto gewährt. Wie hoch stellt sich dann die Rechnung?

Rechnungsbetrag	14 872 S
– 2 % Skonto	______
Zahlungsbetrag	______

Hypothek

Das Geldinstitut borgt Geld gegen Zinsen her. Als Sicherheit dient dem Geldinstitut in der Regel der Grundbesitz (falls vorhanden) des Schuldners.
Die Hypothek muß im Grundbuch eingetragen werden.

B 1215 Ein Landwirt nimmt zur Begleichung von Schulden eine Hypothek in der Höhe von 240 000 S auf seinen schuldenfreien Hof auf. Wieviel verbleibt ihm an barem Geld, wenn das Geldinstitut die Hypothek zu 98 % auszahlt und er an Gebühren (Beglaubigung, Grundbucheintragung) 4 865 S zu erlegen hat?

Hypothek	240 000 S
98 % davon	______ S
– Gebühren	______ S
verbleibender Betrag	______ S

Übungen:

1216 Ein Einzelhändler kauft in einer Glasfabrik 500 Kartons Trinkgläser. Der Großhandelspreis für diese Ware beträgt 102 500 S.
Berechne den Einkaufspreis nach Abzug eines 25%igen Lieferantenrabatts.

1217 Ein Farbfernseher kostet beim Großhändler ohne Mehrwertsteuer 10 000 S. Er gewährt 20 % Rabatt und schlägt dann 20 % Mehrwertsteuer dazu. Wieviel kostet das Gerät?

1218 Herr Preisdrücker erhält auf eine Ware 20 % Rabatt. Er berechnet den neuen Preis und handelt von diesem nochmals 10 % herunter. Um wieviel Prozent muß er insgesamt weniger bezahlen?

1219 Rechnung eines Installateurs für den Anschluß eines Geschirrspülers:

Für Arbeitslohn und Fahrtspesen	2 490 S
Küchenarmatur	2 166 S
Geräteventil	1 668 S
+ 20 % MWSt.	______
Summe	______

Bei Barzahlung innerhalb von 14 Tagen sind 2 % Skonto zulässig!

1220 Zeitungsanzeige

Heute fahren — morgen zahlen! VOLVO 240 GL, Bj. 1982 1 980 S pro Monat 36 Raten Tel. 12 34 56 (ab Montag)

Laut Auskunft eines Gebrauchtwagenhändlers hat der Wagen einen Zeitwert von 52 000 S.
Um wieviel Schilling verteuert sich der Wagen durch Ratenkauf?
Berechne die Verteuerung auch in Prozenten!

1221 Ein Surfboard hat einen Listenpreis von 16 400 S plus 20 % MWSt.
Wenn sofort bezahlt wird, gewährt der Verkäufer einen Skonto von 3 %.
Bei Ratenkauf sind 15 % als Anzahlung zu leisten, der Rest in 24 Monatsraten zu je 1 000 S. Um wieviel Prozent kommt der Ratenkauf teurer als der Barkauf?

1222 Familie Leitner schafft sich eine neue Kücheneinrichtung um 60 000 S an. Da nur 25 000 S Bargeld zur Verfügung steht, überlegt sie für die restlichen 35 000 S folgende zwei Angebote:
1. Ratenkauf zu 24 Monatsraten zu je 1 750 S.
2. Inanspruchnahme eines Kredits für 2 Jahre zu 8,5 % Verzinsung pro Jahr.
Bei Barzahlung werden 3 % Skonto gewährt.
Welche von beiden Möglichkeiten ist die günstigere?

1223 a) SCHACHCOMPUTER
Neuartige Sensortechnik, Holzbrett,
8 Spielstärken, 180 Spielvarianten,
Anzahlung 290 S, 12 MR á 237 S

b) RASIERER
System 123, Netzbetrieb 110 – 220 V, neues Dreistufensystem, neuartiger Langhaarschneider.
Anzahlung 178 S, 6 MR á 212 S

c) TV COLOR PORTABLE
36-cm-Bildröhre,
Anzahlung 990 S, 18 MR á 251 S

COMPUTER
2 750. –

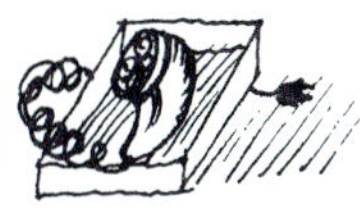

RASIERER
1 360. –

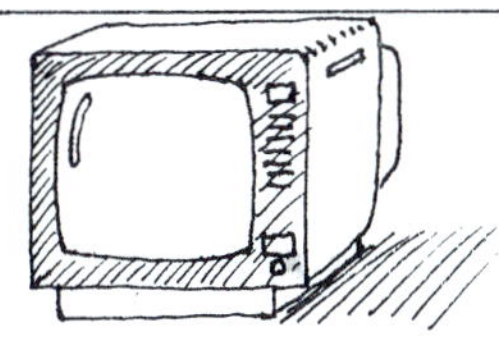

FERNSEHER
4 990. –

1224 Ein Kreditvermittlungsbüro gibt in einer Tageszeitung folgende Anzeige auf:

WENN SIE GELD BRAUCHEN, wählen Sie 4711/007. Wir stellen keine lästigen Fragen. Sofortauszahlung binnen einer Stunde bis zu 300 000 S. Rate bei 100 000 S / 870 S monatlich, 20 Jahre. Rate bei 100 000 S / 1 490 S monatlich, 10 Jahre. Wir legen Ihre Kredite zusammen, zahlen Sie nur eine Rate!

a) Wieviel Schilling muß man in 10 Jahren für 100 000 S Kredit zurückzahlen?
b) Wieviel Schilling muß man in 20 Jahren zurückzahlen?

12.4 Die Energiesituation Österreichs
Die Bedeutung verschiedener Energiequellen für Österreich

Erdöl: Deckt mehr als die Hälfte des österreichischen Energiebedarfs. Ein geringer Teil wird im Inland aufgebracht. Vorräte erschöpfen sich. Auslandsabhängigkeit. Devisenabfluß.

Kohle: Inländische Braunkohle wird in Kraftwerken verfeuert. Steinkohle wird importiert.

Erdgas: Große Importe aus der UdSSR. Probleme ähnlich wie bei Erdöl.

Wasserkraft: Wird derzeit zu 60 % energiewirtschaftlich genutzt. Bedeutendster Naturschatz in Österreich. Weiterer Ausbau für die Stromerzeugung stößt auf Schwierigkeiten (Naturschutz).

Kernenergie: Nutzung in Österreich gesetzlich verboten.

Sonnenenergie: Nutzungsmöglichkeit in unseren Breiten wegen geringer Sonneneinstrahlung beschränkt.

Windenergie: Unbeständige Windverhältnisse in Österreich. Kaum von Bedeutung.

B 1225 Folgende Übersicht zeigt dir, wie sich der Energieverbrauch in Österreich auf die einzelnen Energieträger prozentuell verteilt (bezogen auf 1984):

Kohle und Koks	Erdöl u. -produkte	Naturgas	Wasserkraft	andere Energieträger
18,1 %	41,9 %	18,8 %	14,8 %	6,4 %

Stelle die angegebenen Prozente in einem Kreisdiagramm dar!

Die nicht im Inland erzeugte Energie muß eingeführt (importiert) werden.
Unser Verbrauch ist dadurch vom Ausland stark abhängig. Importbeschränkungen sind kaum zu befürchten, doch müssen wir die diktierten Weltmarktpreise in Kauf nehmen und die Energieimporte mit hart erwirtschaftetem Geld bezahlen.

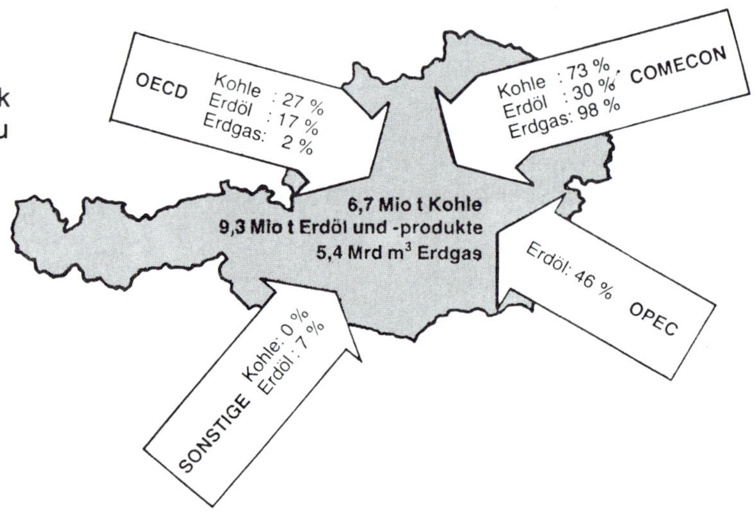

Energieverbrauch und Inlandaufbringung

B 1226

Beantworte folgende Fragen anhand der dargestellten Grafik!

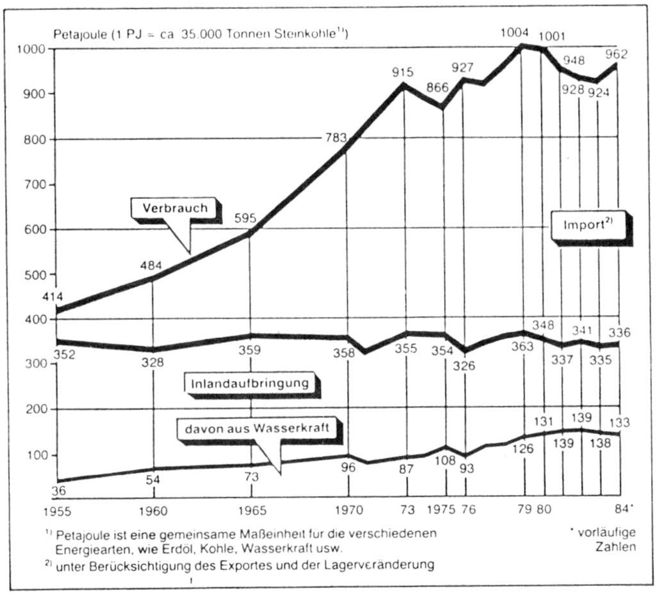

(Bildquelle: WISO)

a) In welchen Jahren stieg der Energieverbrauch Österreichs, wann fiel er? Gib Gründe an!

b) Was kannst du über die Inlandaufbringung für den gesamten Zeitraum aussagen?

c) Berechne für die in der Grafik angegebenen Jahre die jeweiligen Energieimporte und zeichne sie in einem Schaubild ein! Verwende dazu dieselben Einheiten wie in der angegebenen Grafik! Lies aus dem selbst angefertigten Schaubild ab: Wann waren die höchsten Importe?

d) Wieviel Prozent der gesamten verbrauchten Energie wurden jeweils in den Jahren 1960, 1979 und 1983 importiert?

e) Wieviel Prozent der Inlandaufbringung stammen aus Wasserkraft? Gib dies für die Jahre 1960, 1975 und 1983 an!

B 1227

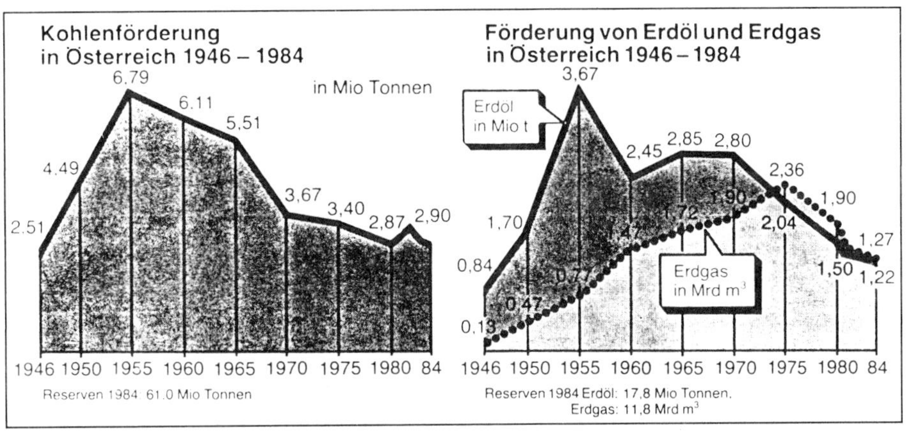

(Bildquelle: WISO)

a) Kannst du dir aus der Geschichte Österreichs der Nachkriegsjahre die Spitzenwerte der Kohle- und Erdölförderung im Jahre 1955 erklären?

b) Um wieviel Prozent weniger Erdöl wurde 1984 im Vergleich zu 1955 gefördert?

c) Wie lange würden die Reserven für Erdöl, Erdgas bzw. Kohle reichen, wenn das jährliche Abbauvolumen konstant auf der Höhe des Jahres 1984 bleiben würde?

d) Österreich verbrauchte 1984 6,7 Mio. t Kohle,
9,3 Mio. t Erdöl und Erdölprodukte
sowie 5,4 Mrd. m³ Erdgas.
Wieviel Prozent wurden jeweils davon im Inland aufgebracht?

B 1228 In Österreich wird Strom in Wasserkraft- und Wärmekraftwerken erzeugt. Nebenstehende Grafik zeigt die Anteile der Wasser- und Wärmekraft an der Aufbringung elektrischer Energie.

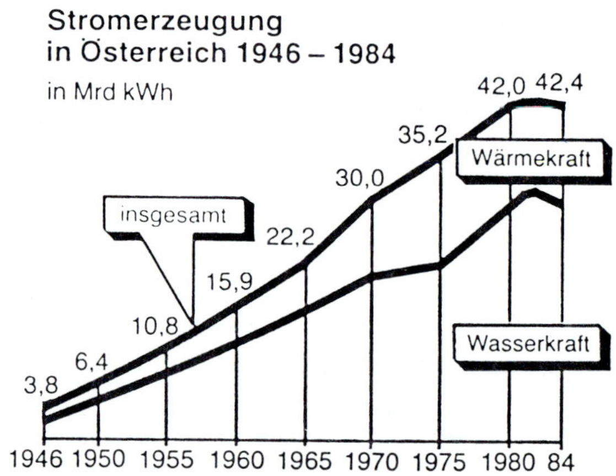

a) Was erkennst du aus dem Schaubild auf einen Blick?

b) Wieviel Prozent der Stromenergie von 1984 wurde durch die Wasserkraft (29,5 Mrd. kWh) bereitgestellt?

c) Das ausbauwürdige Wasserkraftpotential wird in Österreich mit 53,7 Mrd. kWh beziffert. Wieviel Prozent davon waren 1984 energiewirtschaftlich genutzt? Warum wird es immer schwerer, weitere Wasserkraftwerke zu bauen?

Stromkosten

Der Strompreis setzt sich zusammen aus:
a) einem **Jahresgrundpreis** für die Bereitstellung der elektrischen Leistung,
b) einem **Meßpreis** für die Beistellung und Instandhaltung der installierten Meß-, Schalt- und Steuereinrichtung,
c) einem **Arbeitspreis** für die gelieferte elektrische Arbeit.

B 1229

STROMRECHNUNG

für den Verbrauchszeitraum

0.3.0.3.1986 — 0.4.0.3.1987

Zeitraum von	bis	Text	Verbrauch kWh/kVArh ⊗	kWh-Preis S	Monate ⊗	Grundpreis S je Monat ⊜	Nettobetrag S	Ust. %
03.03	04.03	ARBEITSPREIS	2.633	1.377			3.625,64	20
01.05	30.04	GRUNDPREIS			12	43,40	520,80	20
01.05	30.04	MESSPREIS			12	10,50	126,00	20

a) Zähle zum Nettobetrag 20 % Steuern dazu, dann erhältst du den Gesamtrechnungsbetrag.

________________ S

b) Dieser wird auf sechs etwa gleich große Beträge aufgeteilt und alle 2 Monate vorgeschrieben.

________________ S

c) Berechne den kWh-Preis inkl. Steuer! ____________ S

Du siehst: Die Stromkosten richten sich vorwiegend nach den verbrauchten Kilowattstunden. Was aber ist eine Kilowattstunde?

1 Wh Strom wird verbraucht, wenn bei 1 Volt Spannung (z. B. einer Batterie) ein Strom von 1 Ampere 1 Stunde lang fließt.

Elektrische Energie (Wh)	=	Spannung (V)	x	Stromstärke (A)	x	Zeit (h)
W	=	U	.	I	.	t

Elektrische Energie (Wh) = elektrische Leistung (W) x Zeit (h)
1 kWh = 1000 Wh

Auf den meisten elektrischen Geräten ist die Leistung in Watt (W) angegeben.

B 1230

Strompreise in Österreich Normaler Strompreis pro kWh (inkl. MWSt.).		Neuer Stand
S 1,65	Burgenland	S
S 1,46	Kärnten	S
S 1,65	Niederösterreich	S
S 1,69	Oberösterreich	S
S 1,50	Salzburg	S
S 1,58	Steiermark	S
S 1,30	Tirol	S
S 1,19/1,00*)	Vorarlberg	S
S 1,65	Wien	S

*) In Vorarlberg gibt es getrennte Winter- und Sommertarife.

Armin beabsichtigt, sich alle 52 Spiele einer Fußballweltmeisterschaft anzusehen.

Wie hoch sind die dabei anfallenden Stromkosten, wenn ein Spiel durchschnittlich 2 Stunden dauert und das Farbfernsehgerät eine Leistung von 200 W hat?

Überprüfe zuerst den Strompreis deines Bundeslandes auf seine Gültigkeit! Sieh zu diesem Zweck auf der letzten Stromrechnung deiner Eltern nach!

Übungen:

1231

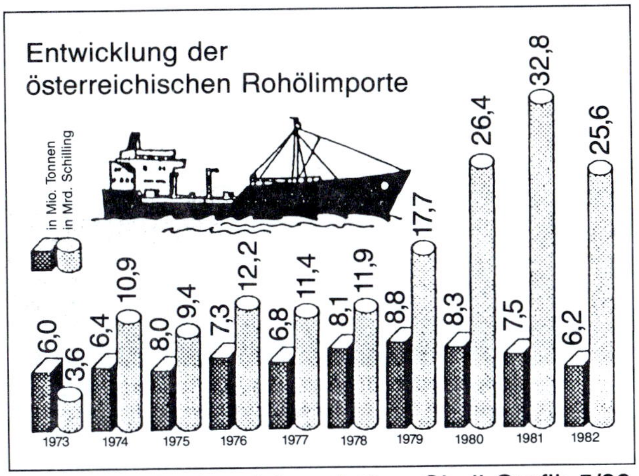

Quelle: Außenhandelsstatistik Shell Grafik 5/83

a) Wieviel Geld mußte 1982 für Rohölimporte ausgegeben werden?

b) Berechne für jedes Jahr den Preis für 1 t Rohöl!
Zeichne ein Diagramm! 500 S ≙ 1 cm
Welche Ursachen hatte der Preisanstieg?

c) Um wieviel Prozent lag der Ölpreis im Jahre 1982 über dem im Jahre 1973?

d) Um wieviel Prozent sank der Erdölimport von 1981 auf 1982?

1232 Kosten der Energieimporte (in Mrd. S) und Außenhandelsdefizit Österreichs

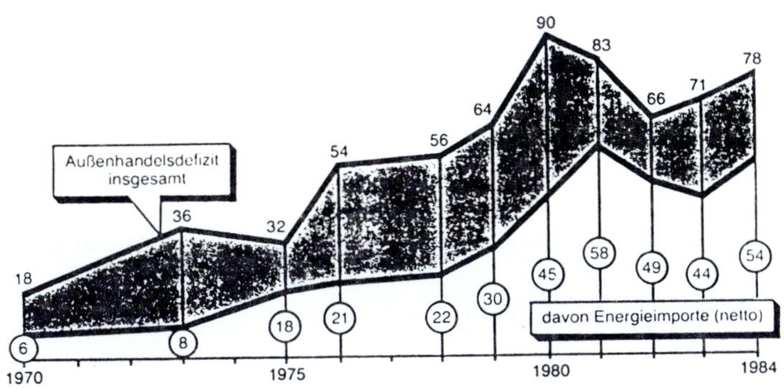

a) Im Jahre 1984 betrug das Außenhandelsdefizit Österreichs 78 Mrd. S, davon stammen 54 Mrd. S von den Energieimporten.
Wieviel Prozent sind das?
Vergleiche den Wert von 1984 mit jenem von 1970!

b) Durch den Fremdenverkehr wurde 1984 ein Devisenüberschuß von 46 Mrd. S erzielt.
Um wieviel Prozent lagen die Schulden durch die Energieimporte über dem Devisenüberschuß?

Was leistet eine Kilowattstunde?

Eine Kilowattstunde reicht aus, um . . .

mit einem Baukran 50 t Material 20 Meter hochzuheben
1 Tag Lebensmittel in einer 200-Liter-Gefriertruhe zu lagern
in einem 150-l-Kühlschrank zwei Tage lang zu kühlen
mit einer Küchenmaschine 200 kg Gemüse zu schneiden
mit einem Elektroherd 1 Mittagessen für 4 Personen zu kochen
das Geschirr einer Hauptmahlzeit im Vierpersonenhaushalt zu reinigen
mit einem Handmixer 100mal Kuchenteig zu rühren
von einer Elektrouhr 1 Monat lang genaue Zeit abzulesen
ein Fernsehgerät fünf Stunden zu benutzen
30 Stunden Radio zu hören
20 Stunden Tonband abzuhören
mit einem Staubsauger viermal eine 4-Zimmer-Wohnung zu reinigen
mit einem Bügeleisen 3 Stunden zu bügeln
mit einer Bügelmaschine 1 Stunde zu bügeln
in der Waschmaschine 1 kg Wäsche zu waschen
mit einer Nähmaschine drei einfache Kleider zu nähen
mit einer 40-Watt-Lampe 25 Stunden lang zu beleuchten
in einem Heißwasserspeicher 30 l Wasser für eine Dusche auf 37 Grad Celsius zu erwärmen
mit einem Elektrorasierapparat drei Jahre lang zu rasieren
eine Bestrahlungslampe zwölfmal 20 Minuten zu benützen.

1233 Überlege dir selbst Beispiele, bei denen du nebenstehende Zahlenwerte berücksichtigen sollst.

Diese Aufgaben könnten etwa so aussehen:

a) Wie teuer kommt der Betrieb des Kühlschrankes in einem Jahr (365 Tage)?

b) In unserem Wohnzimmer hängt ein Luster, der mit 6 Birnen à 75 Watt den Raum beleuchtet. Wie teuer kommt die Beleuchtung bei einer täglichen Betriebsdauer von 2 Stunden in einem Monat (30 Tage) bzw. wieviel Geld kann in der gleichen Betriebsdauer eingespart werden, wenn du 60-Watt-Lampen verwendest?

c) Welche Leistung hat das Radio, wenn es in 30 Stunden 1 kWh Strom verbraucht?

1234 Als hellstes Sportstadion gilt zurzeit das Münchner Olympiastadion, dessen Flutlichtanlage aus 500 Scheinwerfern besteht, von denen jeder mit einer Halogen-Metalldampflampe ausgestattet ist und 3500 W leistet. Wie hoch sind die Stromkosten für ein Fußballspiel, das 2 h dauert und du von einem Strompreis von 1,60 S pro kWh ausgehst?

1235 Ein Kühlschrank mit 160 l Inhalt hat einen Anschlußwert von 150 W.
Wie hoch sind die täglichen Stromkosten, wenn bei 24stündigem Betrieb infolge der automatischen Temperaturregelung das Kühlaggregat nur 25 % der Betriebszeit läuft?

1236 Ein Elektromotor mit einer Leistung von 3 PS läuft $3\frac{1}{2}$ Stunden. Wie hoch sind Stromverbrauch und Stromkosten?

1 PS = 0,736 kW

12.5 Energiesparen

B 1237 Energie kostet Geld und steht nicht in unbegrenztem Ausmaß zur Verfügung. Es gibt viele Möglichkeiten, im Haushalt Energie zu sparen. Sprich darüber!

Gute Wärmeisolation des Hauses

Räume nicht überheizen. Nachts Temperaturen etwas senken.

Volle Tiefkühltruhen und Kühlschränke sparen Strom. Abtauen!

E-Geschirr und Druckkochtopf benutzen!

Prüfe Vergaser, Luftfilter, Zündung und Standgas. „Gleiten statt hetzen".

Fahr mit dem „Kollektivfahrzeug" - ÖBB, Bus, Tram.

B 1238 „Jetzt sind die Betriebskosten (Ausgaben für Heizung, Warmwasser, Stiegenhausbeleuchtung etc.) schon wieder gestiegen!", klagt der Vater. Er rechnet sich aus, daß er nunmehr bereits 4 000 S für Strom, Öl und Benzin pro Monat ausgibt.

Aufteilung der Energie im Haushalt

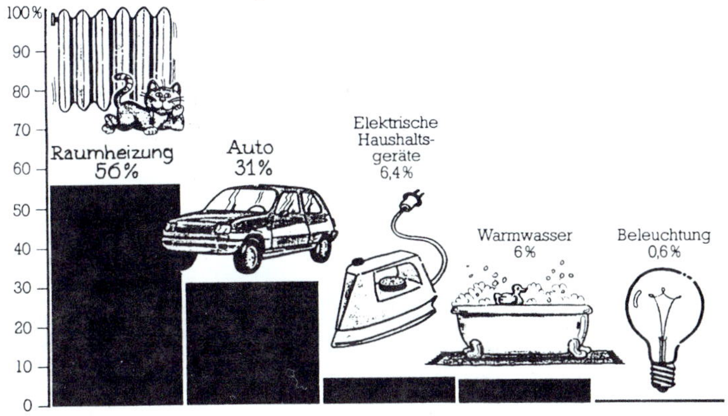

a) Berechne, wieviel Schilling pro Monat auf die abgebildeten Bereiche entfallen.

b) Du wirst oft daran erinnert, das Licht abzudrehen. Welche Ersparnis erbringt ein 10 %iger Rückgang des Stromverbrauchs für Beleuchtung?

c) Für welchen Bereich wird das meiste Geld aufgewendet?

Da der finanzielle Aufwand für die Raumheizung am größten ist, liegen hier auch die größten Einsparmöglichkeiten.

B 1239 **Wärmeverluste**

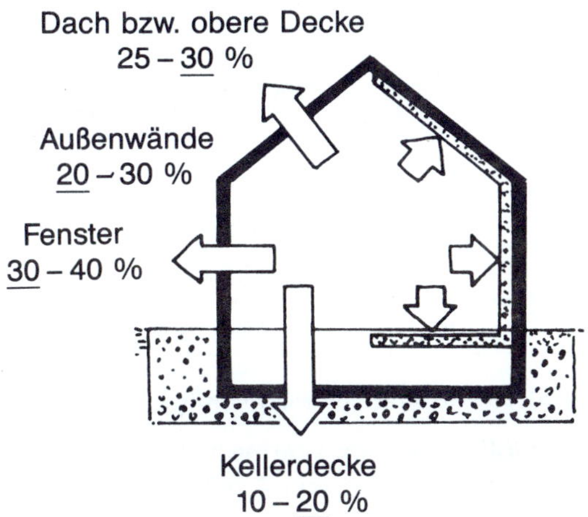

Verteilung der Wärmeverluste in einem Haus

Ungefähr 50 % der für die Raumheizung aufgewendeten Energie geht ungenutzt ins Freie hinaus. Sie muß ständig neu ersetzt werden.

a) Berechne, wieviel Geld (Nimm 4 000 S als Grundlage für die Betriebskosten!) auf diese Weise verpulvert wird.

b) Wieviel Schilling entfallen auf Grund der schlechten Wärmedämmung auf die einzelnen in der Zeichnung angeführten Bereiche? Nimm die unterstrichenen Prozentsätze für deine Rechnung!

B 1240 **Wärmedämmung**

Die Wärmedämmung von Wänden und Decken wird wesentlich von den Baumaterialien bestimmt. Die Feststellung: „Je dicker die Wand, umso besser die Wärmedämmung" ist somit falsch. Sieh dir die Grafik an!

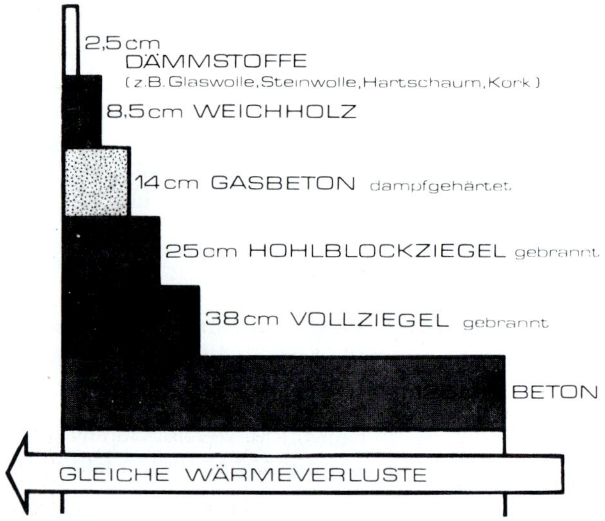

a) Wieviel mal besser dämmt Glaswolle, im Vergleich zu einer gleich dicken Betonschicht?

b) Welche Dicke müßte eine Betonwand haben, die die Wärme genauso gut dämmt wie eine 12 cm dicke Wand eines Holzblockhauses?

c) Wieviel Zentimeter Glaswolle dämmen die Wärme genauso gut wie eine Wand aus 20 cm dicken Gasbetonsteinen (YTONG)?

d) Warum dämmt ein Hohlblockziegel besser als ein Vollziegel?

Der k-Wert

Firmen, die Baumaterialien verkaufen, geben für ihre Produkte (Ziegel, Steine, Mörtel usw.) sogenannte **k-Werte** an. Fertigteilhausverkäufer werben mit niedrigen k-Werten der Hausmauern. Überall ist man bemüht, die Heizkosten zu senken. Was bedeutet nun dieser k-Wert?

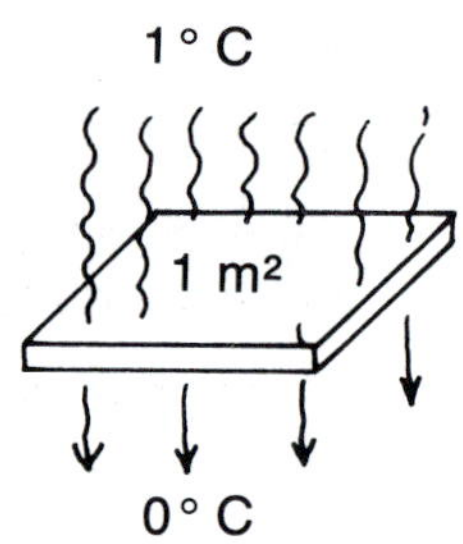

> Der k-Wert ist ein Maß für den Wärmeabfluß vom beheizten Innenraum nach außen durch einen Bauteil. Er gibt an, welche Wärmemenge pro Stunde durch einen Quadratmeter eines Bauteils (Wand, Decke, Fenster) hindurchgeht, wenn der Temperaturunterschied zwischen Innen- und Außenseite des Bauteils 1 ° C beträgt.
>
> Maßeinheit: $W/m^2 \, °C$ (Watt pro Quadratmeter und Grad Celsius)

B 1241

a) Eine 20 cm dicke Stahlbetondecke (k = 2,96) wird als Außenwand eines Hauses verwendet. Sie ist 100 m² groß. Innen beträgt die Temperatur 20 °C, außen −10 ° C. Wie groß ist der Wärmeverlust pro Tag?

Wir überlegen in einer Tabelle:

Zeit (in h)	Temperaturunterschied (°C)	Flächeninhalt (m²)	Wärmeverlust (Wh)
1	1	1	2,96
24	1	1	2,96 . 24
24	30	1	2,96 . 24 . 30
24	30	100	2,96 . 24 . 30 . 100 = ______

Beachte: Um 213,12 kWh Wärmeenergie zu erzeugen, sind ca. 36 Liter Öl notwendig!

b) Stelle eine Formel für den Wärmeverlust Q bei einem Baustoff mit einem Wärmedämmungswert k für t Stunden bei einem Temperaturunterschied von T ° C durch eine Fläche von A m² auf!

Q = ______________________

B 1242 Die Stahlbetondecke wird nun mit 15 cm Wärmedämmaterial versehen. Dadurch verbessert sich der k-Wert auf 0,22. Wieviel Geld kann an Heizkosten täglich eingespart werden, wenn ein Liter Heizöl 6 S

(_______ S) kostet?

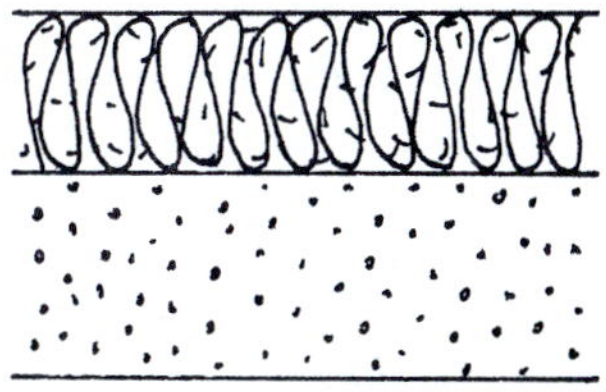

Wärmeverlust Q = 0,22 . 24 . 30 . 100 Wh = ____________________ kWh.

Dafür sind ________________ Liter Öl notwendig.

An einem Tag können ________________ S an Heizkosten gespart werden.

B 1243 Die größten Wärmeverluste kommen durch die Fenster zustande. Aus nebenstehender Skizze ersiehst du den Wärmeverlust pro Quadratmeter Fensterfläche und Jahr, ausgedrückt in Liter Öl.

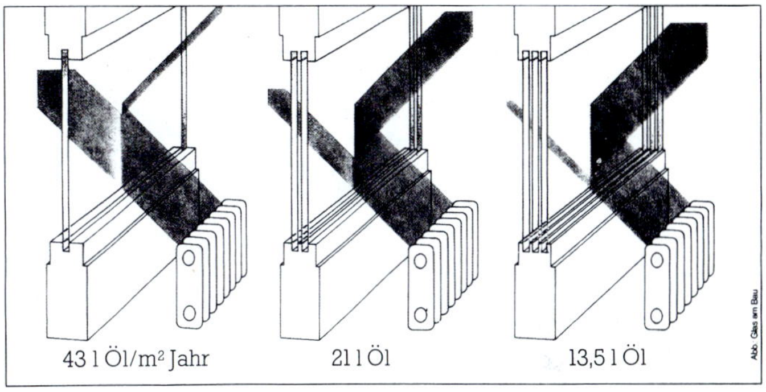

a) Wieviel S erspart man sich bei 17 m² Fensterfläche zwischen Einscheiben- und Dreischeibenisolierverglasung im Jahr, wenn ein Liter Öl 6 S (__________ S) kostet?

b) Wie hoch ist der Wärmeverlust bei 17 m² Zweischeibenisolierverglasung (k = 2,9) bei 20° Temperaturunterschied an einem Tag?

c) Wie hoch ist der Wärmeverlust bei Dreischeibenisolierverglasung (k = 1,9)?

Übungen:

1244 Auf einer 22 cm-Kochplatte braucht 1 kg Kartoffeln mit $\frac{1}{4}$ l Wasser auf Stufe III $4\frac{1}{2}$ Minuten zum Ankochen, anschließend muß auf Stufe I 40 Minuten weitergedämpft werden.
Wie hoch sind Stromverbrauch und Stromkosten?
Beachte: Die Stufenschaltung eines E-Herdes erlaubt ein sparsames Kochen. Der Leistungsbedarf einer 22 cm-Kochplatte beträgt auf Stufe I 305 W und auf Stufe III 2 000 W.

1245 Im Dampfdrucktopf beträgt die Ankochdauer auf der gleichen Kochplatte für 1 kg Kartoffeln ebenfalls $4\frac{1}{2}$ Minuten, zum Fortkochen auf Stufe I sind jedoch nur mehr 8 Minuten erforderlich. Wieviel Strom und Geld ersparst du bei Verwendung eines Druckkochtopfes?

1246 In den Räumen, in welchen eine besonders gute Beleuchtung nötig ist, wie Küche, Wirtschaftsraum, Garage usw., ist es zweckmäßig, die weitaus sparsamere Leuchtstoffröhre zu verwenden.
Wie hoch ist die Geldersparnis, wenn der Stromverbrauch durch Verwendung von Leuchtstofflampen an Stelle von Glühbirnen jährlich von 1 320 kWh auf 690 kWh gesenkt werden konnte?

1247 Familie Bader bezieht das Warmwasser aus einem Behälter im Keller, wo es auf 55° C erwärmt wird und dann durch eine Rohrleitung in den 8. Stock des Wohnhauses geleitet wird. Beim Aufdrehen des Warmwasserhahns fließt daher zunächst kaltes Wasser (1,2 Liter), das aber ursprünglich warm war. Ein Durchlauferhitzer in der Wohnung würde viel Geld sparen, da 10 Liter Wasser, auf 55° erwärmt, ca. 0,90 S kosten.
Wieviel Geld könnte die Familie jährlich sparen, wenn täglich der Warmwasserhahn durchschnittlich 18mal aufgedreht wird?

1248 Eine Familie zahlte bisher für Heizung und Warmwasser ihres Einfamilienhauses 31 200 S pro Jahr. Die Kosten entstanden durch den Kauf von 4 400 l Heizöl und 800 S Stromkosten für Brenner und Pumpen. Nach Einbau einer Wärmepumpe mußte sie für Strom 18 000 S und für Brennholz (Kachelofen) 1 700 S zahlen.

a) Wie hoch war die jährliche prozentuelle Energiekostenersparnis?
b) Nach wie vielen Jahren macht sich die Wärmepumpe bezahlt, die 130 000 S gekostet hat?

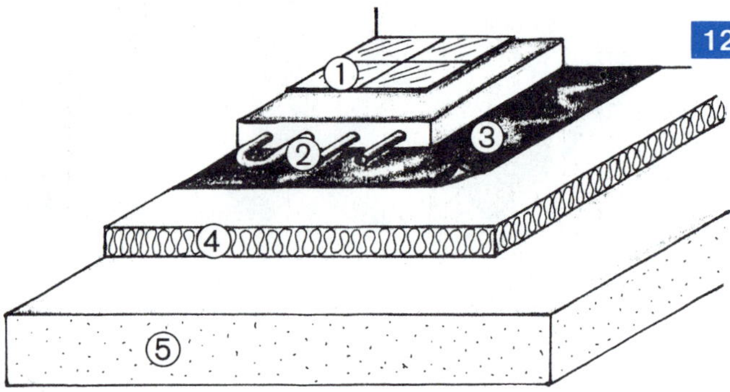

① keramischer Bodenbelag (Fliesen)
② Heizrohre Fußbodenheizung in 8 cm Estrich
③ Dampfbremse
④ 8-cm-Wärmedämmaterial, trittfest
⑤ Massivdecke (18-cm-Hohlkörper-Trägerdecke)
k = 0,34

1249 Berechne den Wärmeverlust einer 95 m² großen Kellerdecke der abgebildeten Beschaffenheit an einem Tag, wenn es im Wohnbereich 21° und im Keller 12° hat.

a) Berechne die Ersparnis in Watt, wenn das Raumthermostat auf 18° eingestellt wird.
b) Wie hoch ist die Ersparnis im Laufe einer Heizperiode (100 Tage)?

1250 Die verlorene Wärmemenge Q durch einen Baustoff ist gegeben durch die Formel $Q = k \cdot t \cdot T \cdot A$. Warum hilft es Heizkosten zu sparen, wenn man in der Nacht die Raumtemperatur etwas absenkt? Welcher Teil der Formel ist dafür verantwortlich?

1251 Die abgebildete Außenwand eines Wohnhauses soll außen eine zusätzliche Wärmedämmung erhalten. Vorgesehen ist eine hinterlüftete Außenwandverkleidung mit Asbestzementplatten. Außerdem soll eine Dreischeibenisolierverglasung den Wärmeverlust durch das Fenster verringern. Wie groß ist die Einsparung an Wärme in kWh pro Tag bei einer Temperaturdifferenz von 25° C?

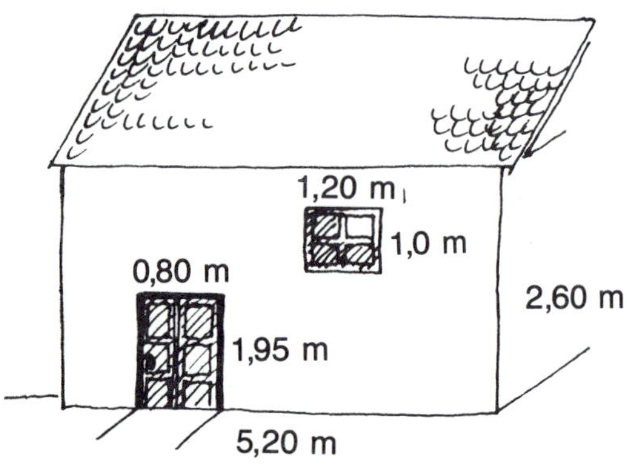

	Wand	Fenster	Tür
k-Wert vor der Wärmedämmung	0,62	6	2,6
k-Wert nach der Wärmedämmung	0,35	1,9	2,6

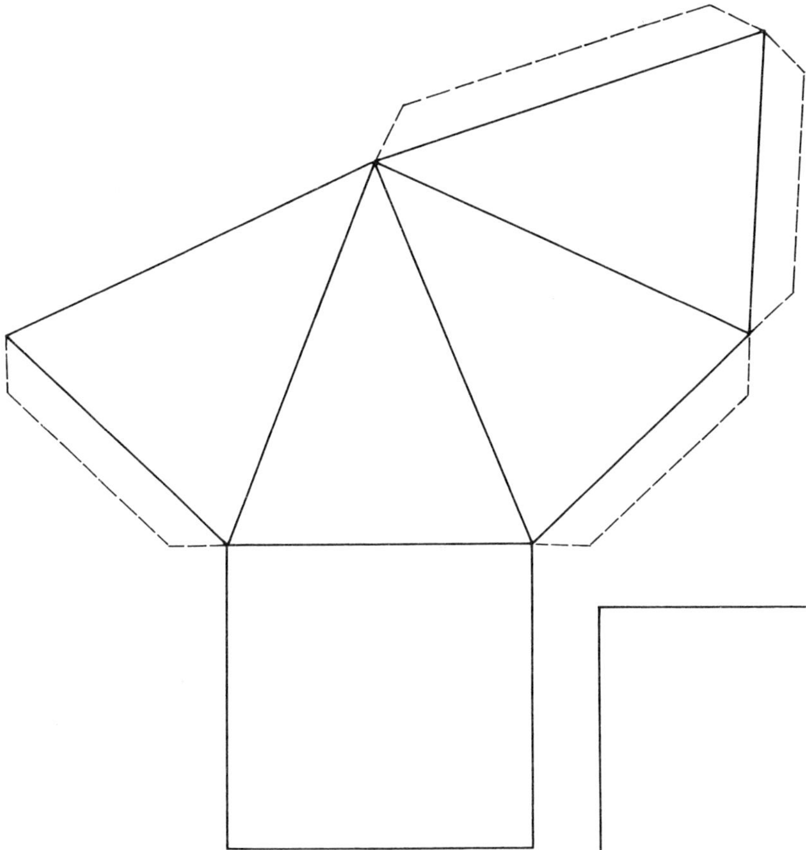

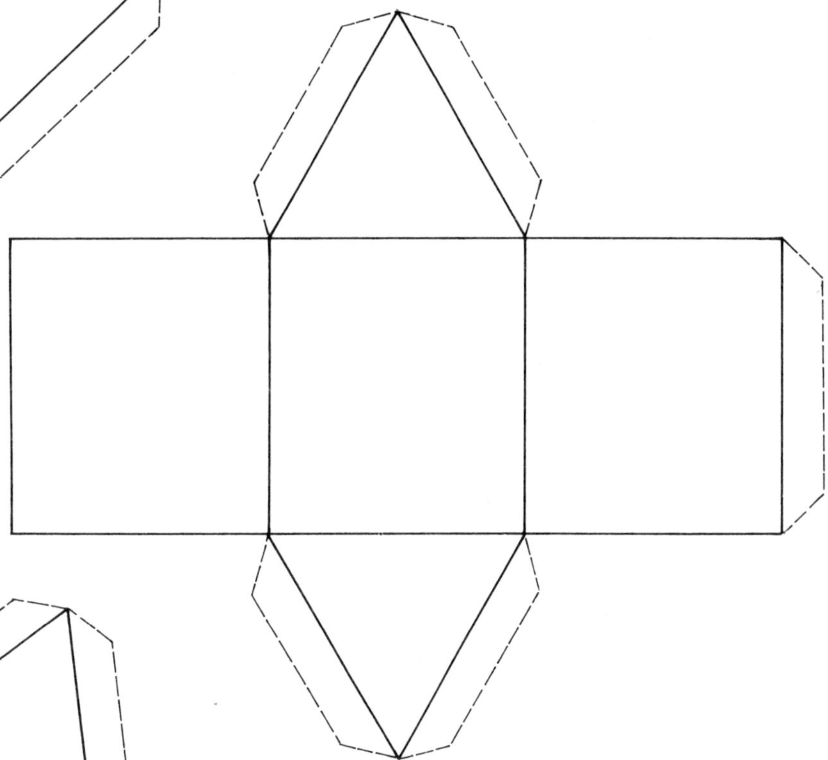

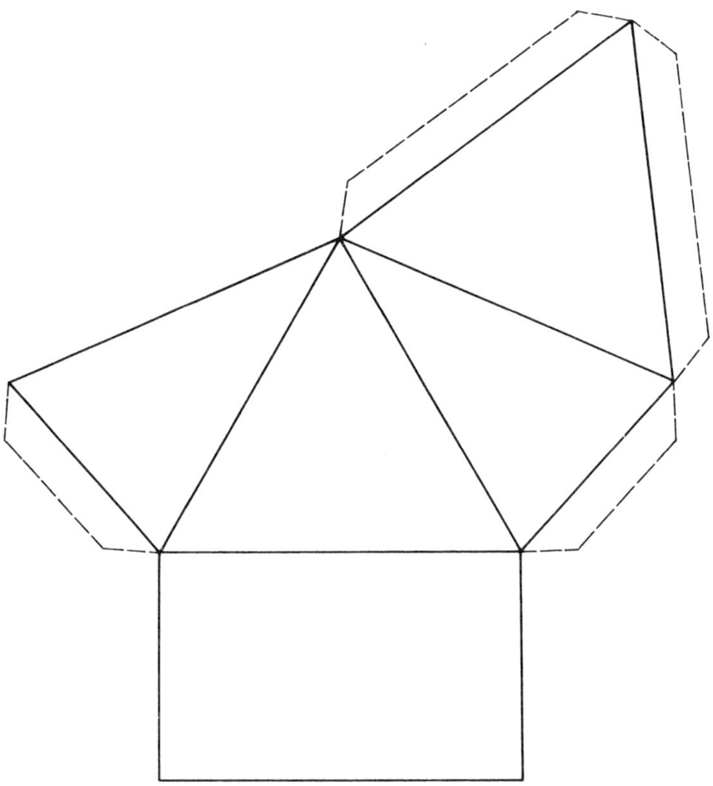

MEMORY-SPIEL zum Termumformen (Nur für Lehrer zum Austeilen!)

$a \cdot (b + c)$	$a \cdot b + a \cdot c$	$a \cdot a \cdot a$	a^3	$(a - b) \cdot (a - b)$
$a + a + a$	$3 \cdot a$	$a \cdot (a + 1)$	$a^2 + a$	$a^2 - 2ab + b^2$
$(a + b)^2$	$a^2 + 2ab + b^2$	$(a + b) \cdot (a - b)$	$a^2 - b^2$	$a \cdot b + c$
$a^2 \cdot a^3$	a^5	$a^9 : a^3$	a^6	$a^2 + b^2$
$(3 \cdot a)^2$	$9 \cdot a^2$	$3 \cdot a^2$	$3 \cdot a \cdot a$	